宝宝断奶 营养食谱

资深营养美食家 **林美慧** 著

北京联合出版公司
Beijing United Publishing Co.,Ltd.

目录 Contents

Part 1 宝宝的新饮食——断奶餐

Part 2 初期断奶餐——5～6个月大

淀粉类 037

十倍粥   麦糊   米糊   胡萝卜粥   胡萝卜鳕鱼粥

西红柿麦粉糊   蛋黄吐司泥   西蓝花粥   毛豆西式粥   豆浆地瓜泥   土豆优格乳

矿物质维生素 045

西红柿乌龙面   南瓜面包粥   苹果泥   木瓜泥   包菜土豆泥

蛋白质 049

木瓜苹果泥   胡萝卜橘子泥   水果豆腐泥   豆腐蛋黄泥   菠菜蛋黄泥

南瓜豆腐泥

地瓜优格乳

香蕉豆浆

芦笋牛奶蛋

豆腐茶碗蒸

胡萝卜豆腐泥

磨牙米果

面包布丁

青豆土豆泥

金枪鱼西红柿粥

香蕉燕麦粥

南瓜通心粉

菠菜乌龙面

山药萝卜银鱼粥

菠菜烩吐司

香蕉胡萝卜泥

蛋黄拌西红柿

胡萝卜优格乳泥

焗烤南瓜

胡萝卜水果泥

西蓝花蛋黄泥

南瓜洋葱煮

南瓜排骨汤

西蓝花煮豆腐

玉米鸡汤

土豆鱼沙拉

鳕鱼烩蚕豆

鸡肉青豆煮

南瓜茶碗蒸

鸡肉蔬菜汤

Part 5　完成期断奶餐——12～18个月大

Monkey

自序

让宝宝吃得美味吃得快乐

光阴似箭，岁月如梭，一转眼，35个年头匆匆流逝。我依稀记得初为人母时，那段懵懵惶恐地摸索学习的时光。

还记得当年，我都是以母乳哺喂儿子们的，待孩子需要添加副食品以补充营养时，在没有太多经验的情况下，我挤在小小的厨房里，手忙脚乱地用心熬煮粥品，希望能为孩子烹调出营养美味的食物，那一幕幕辛苦又甜蜜的回忆，如今依然历历在目。殊不知一眨眼，我已然升格为奶奶了。

现在的我已拥有丰富的烹调技术及育儿知识，对于烹调营养美味的断奶餐，更能得心应手，看着宝贝孙儿一口接着一口，吃着我盈满爱心及营养的断奶餐，那胖嘟嘟、笑眯眯的脸庞充满了幸福的满足感，真叫我又开心又欣慰。

本着奶奶疼爱孙儿的心境，我特别制作了这本美味的断奶餐谱，希望新手妈妈、爸爸、爷爷、奶奶以及保姆们，有一本完整丰富的婴儿断奶餐谱作为参考，毋须再为如何做出兼顾营养及好吃的断奶餐伤脑筋。

一般人对于婴儿断奶餐的第一印象，通常都是一碗黏糊糊、完全看不出食材为何的食物。这样的东西会可口吗？过去，妈妈们在准备宝宝的断奶餐时，通常只会注意营养是否充足、容不容易喂食、宝宝好不好吞咽，对于食物是否美味、合不合宝宝胃口，根本无暇顾及。但是，连大人们都爱吃美食，何况是味觉比成人更加敏锐的小宝宝呢？

　　所以，如何能让营养却看来不怎么可口的断奶餐，变身为色、香、味俱全的美食，便成为这本断奶餐谱的重点。而我在设计这本断奶餐谱时，除了考虑每一道菜色的营养均衡外，还特别重视食物的美味与否，希望所有的宝宝们不但能吃得健康，吃得美味，而且要一吃便爱上。

　　这本《宝宝断奶营养食谱》的内容非常丰富扎实，除了有制作断奶餐的基本常识外，还将适合宝宝食用的食材做了简单的介绍及分析。而且，我们将幼儿断奶期分为初期（5~6个月）、中期（7~8个月）、后期（9~11个月）、完成期（12~18个月）四个阶段，将淀粉类、维生素及矿物质、蛋白质分门别类，有系统地归纳出变化多端、营养美味的食谱。

　　为了帮新手妈妈解决诸多相关问题，我们特别针对断奶期的幼儿常会碰到的一些疑难杂症，做了各阶段断奶餐的Q&A问答，以解决新手妈妈的疑问和困扰。

　　这本书虽称不上是断奶餐百科，但对于妈妈们在应对宝宝饮食大计的知识上，应是绰绰有余的。

　　父母都希望自己的心肝宝贝能够健康快乐地成长，但是要让孩子有健康的体魄健康成长在婴幼儿时期就得好好地为他打好根基，并且补充丰富且均衡的营养。希望我的这本《宝宝断奶营养食谱》，能够对所有的新手父母有所帮助，更祝福各位都能拥有健康可爱的宝贝。

Part 1
宝宝的新饮食 ——断奶餐

宝宝在出生之后至5个月间，因为肠胃功能及牙齿的发育尚未完善，所以只能喂食母乳或宝宝配方奶。大约5个月大之后，宝宝活动量增多，光靠母乳已经无法满足宝宝的营养需求，因此必须在乳品外补充断奶餐，并且借由简单到复杂的饮食训练过程，让小宝宝逐渐适应大人的食物。

本书分成初期（5~6个月大）、中期（7~8个月大）、后期（9~11个月大）、完成期（12~18个月大），依宝宝各成长阶段，介绍最适合的断奶餐食谱，以及各种调理技巧。同时包括：食物的硬度、适合调理断奶餐的食材等，都以简单易懂的图解方式详加介绍。再者，本书也介绍了多种适合宝宝身体不适时食用的断奶餐，好让宝宝补充体力。

断奶餐是什么

所谓断奶餐就是宝宝从"吸允的"饮食方式，进步到"咬食"阶段的过渡时期所吃的食物。宝宝到了5~6个月大时，光靠母乳已经无法满足身体的营养需求，此时，宝宝体内原有的营养素大多已消耗得差不多，尤其是维生素、钙质、铁质，如果没有适当补充，就会影响发育。

此外，从5~6个月大起，宝宝的内脏机能逐渐发育成熟，对于食品的消化吸收能力也逐渐增强，这时如果仍然只喝母乳、牛奶等流质食物，会导致宝宝营养不足，消化吸收能力的发育也会受影响。因此，从这阶段起必须为宝宝提供适当的断奶餐，以便他们能从吸吮逐渐适应咬食。

A.让宝宝学会"咬食"

由于断奶餐是婴儿从喝母乳到学习吃一般食物的过渡阶段，也就是借此让宝宝认识，并学会"咬食"的动作。因此调理断奶餐时，最重要的就是随着宝宝各个成长阶段，配合他们咬食能力的发育，调制大小、形状合适的食物。从宝宝只会闭着嘴吸吮的"初期"，到能用舌头压碎食物的"中期"，用牙床磨碎食物的"后期"，乃至到学会用前齿和臼齿咬断并磨碎食物的"完成期"；妈妈都必须能确实掌握宝宝的发育，调制适合宝宝各阶段咀嚼能力的食物。

B.断奶餐制作的原则

宝宝接触断奶餐的最适当时机，是5个月大的时候，因为这时候宝宝开始对周遭事物感到好奇，当家人吃东西时，他们也会嘴巴跟着咬动，一副想吃的模样，这便是让宝宝吃断奶餐的最佳时机。如果太早让宝宝吃断奶餐，他们肠内的黏膜还无法充分消化蛋白质，很容易造成过敏。

此外，有关宝宝断奶餐的制作，有以下几项原则必须遵守——

a.以清淡为原则

如果吃一般大人口味的食物，会造成宝宝盐分摄取过量，因此口味最好控制在一般成人食物的1/4以下。原则上不需要调味料，以保留食物原味，如果必要，须等到断奶餐晚期（9~11个月大）才可添加少许调味料。

b.注意卫生

由于断奶餐通常都经过磨、剁等处理，调理过程中很容易附着细菌。因此在为宝宝做断奶餐前，妈妈一定要将双手洗干净，餐具、锅子等也要注意消毒，食材也要清洗干净。

c.掌握断奶餐的进度

记住，一次只能喂食一种新的食物，首先，要先从泥状的单一食品开始，其次是泥状的混合食物，最后才是质地及颗粒较粗的食物。而且对于以前不曾吃过的食物，刚开始应是少量（1汤匙）试吃，浓度也应由稀渐浓。每吃一种新的食物时，应注意宝宝的粪便及皮肤状况，若喂食3~5天后没有不良反应（如：腹泻、呕吐、皮肤潮红或出疹等症状），才可换另一种新的食物。

不同阶段，不同的断奶餐

依据宝宝各个阶段不同的发育状况，不同阶段的断奶餐有不同的特点及要注意的事项，妈妈必须特别留意。

初期的断奶餐制作其实不必想得太复杂，由于在此之前宝宝只习惯喝母乳或牛奶，因此这阶段的断奶餐，最主要的调理原则就是让宝宝容易吞咽。一般建议从容易消化的米汤开始喂宝宝。至于温度，就和冲泡牛奶时一样，大约和体温差不多即可。

此时期与其考虑断奶餐的营养，不如将目标放在让宝宝熟悉汤匙的喂食，以及断奶餐的口感上。一般而言，刚开始前五天，多半以谷类、芋头类为主，随着宝宝食量逐渐增加，再添加蔬菜、蛋白质等食物；至于肉类，由于刚开始宝宝的肠胃消化功能还不成熟，不适合食用，必须等到中期（7~8个月）之后，才能加入宝宝的菜单。此外，断奶餐刚开始以每日一次为原则，大约一个月后，等宝宝习惯闭着嘴吞食物之后，可以增加为两次，而喂食时间最好能间隔3~4个小时。

A.初期

月　　　龄	5~6个月
断　奶　餐	1~2次/天
母乳或奶粉	3~4次/天
断奶餐的硬度	浓稠状

每餐必备的营养素

热量类	谷类	稀饭30~40g
蛋白质	蛋（个） 也可改为： 豆腐 乳制品 鱼、肉	蛋黄2/3个 25g 55g 5~10g
维生素 矿物质	蔬菜、水果	15~20g
油脂、砂糖	各0~1g	

B.中期

月　　　龄	7~8个月
断　奶　餐	2次/天
母 乳 或 奶 粉	3次/天
断奶餐的硬度	舌头可压碎的程度

每餐必备的营养素

热量类	谷类	稀饭30~40g
蛋白质	蛋（个）	蛋黄1个~ 全蛋1/2个
	也可改为： 豆腐 乳制品 鱼 肉	 40~50g 85~100g 13~15g 10~15g
维生素 矿物质	蔬菜、水果	25g
油脂、砂糖	各2~2.5g	

　　这阶段的宝宝已经懂得用舌头将食物压碎，因此断奶餐可以做到大约像豆腐或茶碗蒸的硬度，这时候食物虽然不必像初期一样磨碎，但可考虑用淀粉等勾芡，好让宝宝更容易吞咽。而在喂食时要多观察宝宝嘴巴的活动，如果看起来似乎没有咬就直接吞咽的话，就必须重新检视食物的硬度，看是否是食物太软，以致宝宝不需要咬就能吞；相反地，如果太硬，宝宝的舌头压不碎，也是导致他们直接吞咽的原因。就硬度的掌握而言，这个阶段或许较困难，妈妈可以比照豆腐的标准，用自己的手指压看看，如果能轻松压碎，便适合宝宝这阶段的咀嚼能力。

C.后期

月 龄	9~11个月
断 奶 餐	3次/天
母 乳 或 奶 粉	2次/天
断奶餐的硬度	牙床可磨碎的程度

每餐必备的营养素

热量类	谷类	稀饭30~40g
蛋白质	蛋（个） 也可改为： 豆腐 乳制品 鱼 肉	全蛋1/2个 50g 100g 15g 15g
维生素 矿物质	蔬菜、水果	30~40g
油脂、砂糖	各3g	

这时候每天可以考虑吃2~3次断奶餐，时间并没有特别限制，不过一般多会选在上午10点以及下午2点。7个月之后，许多宝宝会开始长门牙，这时妈妈总会给小宝贝吃些较硬的食物，以训练他们的咬食能力，其实这只会导致反效果，因为如果食物硬度超过宝宝的咬食能力，他们就会吐出来，或是整个吞下肚。宝宝必须到一岁，长出臼齿以后，才逐渐会运用牙齿咬食，因此这阶段的断奶餐硬度，以训练宝宝能用牙床磨碎食物为主。妈妈可试着用手指　压看看，必须用点力才能压碎的，才是这时期最适当的硬度。此外，食物本身也不要切太细，最好是0.7cm见方的小丁，这样才能锻炼宝宝的牙床。

满周岁后，有些妈妈就开始以大人的食物喂宝宝，其实这时候尽管已经长门牙了，不过在他们上下左右四颗臼齿长出之前，宝宝还是无法咬碎太硬的食物，而且长白齿的时机因人而异，因此这时候最好还是为宝宝准备比大人吃的更软的食物为佳。

而且这时候宝宝的好奇心变得更强，有时会喜欢自己拿汤匙或叉子，这显示宝宝有兴趣自己吃，因此尽管总是会有一大半食物掉在地上，还是建议妈妈让宝宝自由发展。于此同时也可以为他们准备一些方便用手抓食的食物，例如：小饭团或三明治等，鼓励宝宝自己吃，并适时地给予夸奖，让宝宝充分体会吃饭的乐趣。

D.完成期

月　　　龄	12~18个月
断　奶　餐	3次/天
母乳或奶粉	不必硬性要求
断奶餐的硬度	牙齿可压碎的程度

每餐必备的营养素

热量类	谷类	稀饭30~40g
蛋白质	蛋（个） 也可改为： 豆腐 乳制品 鱼 肉	全蛋1/2个~2/3个 50~55g 100~120g 15~18g 18~20g
维生素 矿物质	蔬菜、水果	40~50g
油脂、砂糖	各4g	

随着宝宝各阶段的发育，妈妈在调理断奶餐时，难免对于哪种食物适合、哪种食物不适合而感到困惑，以下选择一些常见的食材，列表说明。除了介绍该项食材的特色外，还依初期、中期、后期、完成期等不同的阶段，以○、△、×表示可以食用，可斟酌食用，不适合食用，让妈妈一目了然，轻松为宝宝调理健康营养的断奶餐。

淀粉类——重要的热量来源

主要材料包括：米、面包等谷类食物，以及土豆、地瓜等根茎类，都是宝宝很好的热量补给品。另外，香蕉等糖分较高的食材，也可归纳为淀粉类食品，由于谷类等食品的碳水化合物消化吸收较慢，所以可稳定地提供宝宝热量。谷类含有丰富的淀粉质，是宝宝不可或缺的热量来源，妈妈可以先从稀饭开始尝试，等宝宝习惯断奶餐后，再逐渐增加其他小麦制品。

多吃蔬菜水果，营养更均衡

维生素、矿物质、食物纤维都是宝宝成长必备的营养要素，能促进生长发育，维持神经系统功能正常。维生素A、B、C等有助于维持和增强身体的抵抗力，进而提升宝宝的免疫力；矿物质则能促进消化、增强体力，对于宝宝骨骼的成长、心智的反应都有相当的帮助。因此，在开始喂食断奶餐的初期，虽然宝宝的食用量很少，但是妈妈们最好还是每次都能搭配喂食含有丰富维生素及矿物质的食物。如蔬菜、水果、海草、菇类等食材，都富含人体必需的维生素、矿物质以及食物纤维，透过美味的调理，能让宝宝营养更均衡。加上这类食材有黄、绿、红等颜色，色彩丰富，让宝宝更有食欲。

蛋白质让宝宝茁壮成长

肉、鱼、蛋、乳制品、大豆制品等食品含有丰富的蛋白质，是宝宝成长不可或缺的食品，可帮助骨骼和脑部发育。蛋白质是人类赖以维生的营养素，富含22种氨基酸，和宝宝的身体成长和正常功能的运作有关。

此外，鸡蛋含有丰富的B族维生素，能促进细胞再生；牛奶和起司等乳制品除了含丰富的蛋白质之外，还有多种维生素及矿物质，对宝宝脑部发展、孩子的智商及反射能力都有帮助。而肉类中的鱼肉和鸡肉也都是非常优质的食材，鱼肉含多元不饱和脂肪酸和矿物质，能增进大脑和神经细胞的传导功能，健脑益智；鸡肉则有丰富的烟碱酸，烟碱酸是不会因加热而流失的营养素，可以在宝宝成长阶段多加补充。

不过由于宝宝的消化能力还没完全发育成熟，为了避免加重宝宝身体负担，使用时不要操之过急，最好一次一种慢慢让宝宝尝试。另外，豆腐、黄豆粉等大豆制品，水煮蛋的蛋黄、白肉鱼，以及脂肪含量较低的起司等，这类食材对有些宝宝可能会引发过敏，小心不可过量。

常见食材适合度一览表  ○可以食用 △可斟酌食用 ✕不适合食用

碳水化合物、乳制品

 麦片

初期······✕
中期······○
后期······○
完成期···○

麦片富含铁质及钙质，非常适合当作断奶餐，可以多摄取。因富含纤维，建议由中期开始喂食。

 乌龙面 面线

初期······○
中期······○
后期······○
完成期···○

可从初期就开始使用，但需仔细剁碎。干乌龙面及面线虽含有盐分，但煮过后就能减少盐分。拉面因含有油脂，适合从完成期开始。

 牛奶

初期······○
中期······○
后期······○
完成期···○

初期时可将牛奶加入热水中少量喂食，一岁前后就能完全饮用。

 意大利面 通心面

初期······✕
中期······○
后期······○
完成期···○

意大利面条具有咬劲但口感较硬，煮的时间最好比包装上标示的加热时间还长一倍；煮软后可将其磨碎或切碎，适合中期时使用。

 优酸乳

初期······○
中期······○
后期······○
完成期···○

初期开始就可以使用无添加砂糖及水果的原味优酸乳，不但可直接食用，还可与其他食品一起搅拌，是用途极广的推荐食品。

 起司粉

初期······○
中期······○
后期······○
完成期···○

刚开始可使用少量调味。当宝宝对某种菜色已失去新鲜感时，可加起司粉增加风味，但含有盐分，必须注意勿使用过量。

 加工乳酪

初期······△
中期······○
后期······○
完成期···○

含有丰富的蛋白质及钙质，可经常食用。切成薄片会较容易食用，但因含有盐分，切勿过量摄取。

 鲜奶油

初期······✕
中期······○
后期······○
完成期···○

鲜奶油的脂肪含量高，除了调理时少量使用外，并不推荐；若是要炖牛奶汤或做焗烤，最好还是选用市售专为宝宝调制的白酱汁比较理想。

鱼贝、海菜类

海苔

初期……○	
中期……○	
后期……○	
完成期…○	

从宝宝吃初期断奶餐时就可以开始食用，经热水泡过后，就会变软。但是市售的调味海苔因为含有盐分及糖分，最好尽量避免或少量使用。

海带芽

初期……○	
中期……○	
后期……○	
完成期…○	

可从初期开始喂食；腌渍的海带芽含有大量盐分，需用水仔细清洗；海带芽碘含量极为丰富，可将其煮成黏糊状，以方便食用。

白鱼肉
（鳕鱼、比目鱼、鲷鱼等）

初期……○	
中期……○	
后期……○	
完成期…○	

鱼贝类含丰富的锌，能够促进身体发育，协助细胞修补，帮助人体形成多种新陈代谢所需的酵素，增强免疫力，让宝宝健康成长。鱼肉的脂肪少，初期就可以喂食，请将鱼皮及鱼刺仔细清除；如果鱼肉本身太干，难以咽食，可以先勾芡，以方便宝宝吞食。

红鱼肉
（三文鱼、金枪鱼等）

初期……×	
中期……○	
后期……○	
完成期…○	

习惯白肉鱼后，从中期开始就可以试着喂食红肉了。像白肉鱼一样，需要将鱼皮及鱼刺去除，为了容易进食，可以勾芡或是加入优格乳润滑口感。

沙丁鱼干

初期……○	
中期……○	
后期……○	
完成期…○	

沙丁鱼的盐分含量太高，最好先以热水烫过再给宝宝吃。从初期后半段开始，就可以煮软、剁碎后喂食；不过要注意沙丁鱼干容易损坏，没吃完的需冷冻保存。

鲜虾、乌贼
螃蟹

初期……×	
中期……×	
后期……○	
完成期…○	

由于海鲜加热后肉质会变硬，让宝宝难以进食，所以最好在后期时再调理柔软后喂宝宝吃，可以挑选新鲜食材，视食用情况喂宝宝吃。

金枪鱼
罐头

初期……×	
中期……△	
后期……○	
完成期…○	

宝宝断奶餐中期左右就可以喂食没有添加盐分及油脂的金枪鱼罐头了；如果担心罐头中含太多油脂，可以用餐巾纸将油吸取后，少量地使用。

蛋类、肉类

豆腐

初期……○
中期……○
后期……○
完成期…○

豆腐是断奶餐中不可或缺的万能食品，具有高蛋白质、容易消化、容易调理的优点。建议先用热水烫过后再使用。

蛋

初期……△
中期……△
后期……○
完成期…○

由于蛋白容易引起过敏，一开始最好只给予1/2汤匙的蛋黄，煮过后的蛋黄比较容易喂食。蛋黄中的维生素A、铁质，对四个月后的宝宝来说是不可或缺的营养素，这时候应适时补充适量的蛋黄，以少量渐进的方式喂食，让宝宝的肠胃慢慢适应，从中期后半段以后就可喂食整颗鸡蛋了。

鸡肉

初期……×
中期……○
后期……○
完成期…○

肉类可以由中期开始食用，最好选用脂肪较少的鸡胸肉，鸡肉的蛋白质是完全可以被人体所吸收的；整块的鸡肉宝宝不容易吞食，最好是将鸡肉先磨碎或是切碎。

肝脏

初期……×
中期……○
后期……○
完成期…○

在断奶餐中期习惯鸡胸肉后就可以开始喂食鸡肝了，因为鸡肝中富含铁质，可以补充宝宝成长所需，但要记得挑选新鲜的软嫩鸡肝。

牛肉

初期……×
中期……×
后期……○
完成期…○

牛肉含丰富的铁和锌，以及蛋白质，对宝宝脑部神经和智力的发展极有帮助。在宝宝习惯鸡肉及肝脏类之后，就可开始使用肉馅了。最好选择脂肪少的红肉，将肉煮烂或是剁碎后做成丸子。

猪肉

初期……×
中期……×
后期……○
完成期…○

建议先让宝宝习惯鸡肉、牛肉及牛猪等肝脏肉类后，后期再开始添加猪肉，因为猪肉和其他肉类相比它的脂肪较多，即使是瘦肉部分也一样，使用时先以肉馅为主。

蔬菜、水果

 综合蔬菜

初期······○
中期······○
后期······○
完成期···○

断奶期初期开始，就可以慢慢添加各种蔬菜了。可以使用冷冻蔬菜加热后剁碎，临时缺蔬菜时十分方便；不过，记得豌豆的薄皮最好去掉后再喂食。

 新鲜水果

初期······○
中期······○
后期······○
完成期···○

几乎所有的水果都可以从初期就开始给宝宝食用，不过要注意新鲜度，还有最好是有机无农药的水果，或是少让宝宝食用草莓等农药较多的水果。添加时可以先将水果的果皮和种子去除后，再切成小块喂食。

 各种菇类

初期······○
中期······○
后期······○
完成期···○

断奶餐中期时可以将菇类煮熟后再剁碎使用。菇类含有丰富的纤维，非常适合用来预防宝宝便秘；熬成汤汁风味更鲜甜。

 辛香料

初期······✕
中期······○
后期······○
完成期···○

大蒜、葱、姜等辛香料对宝宝的肠胃来说，刺激性可能太强，并不建议使用。或是从后期开始，再以少量喂食。

调味料

醋

初期……△	
中期……○	
后期……○	
完成期…○	

虽然不用特别禁止用醋调味，但是独特的酸味可能不适合宝宝。添加一点点后如果宝宝能接受，就可以从初期开始少量添加。

砂糖

初期……△	
中期……△	
后期……△	
完成期…△	

水果及蔬菜中含有天然糖分，添加在断奶餐中可以减少人工砂糖的使用。初期时每日1g（1/5小匙），中期时2~2.5g，后期为3g，完成期时上限为4g。

油脂奶油

初期……○	
中期……○	
后期……○	
完成期…○	

植物性脂肪比动物性脂肪更佳，而且橄榄油的胆固醇含量较低，可以多使用。至于奶油虽然容易消化，但盐分高，需多加注意。

番茄酱

初期……×	
中期……△	
后期……△	
完成期…○	

一般人都不知道番茄酱中的盐分含量很高，即使在后期，最好也控制在一次一小匙的范围内，如果是不含盐分的再制品，则可以在初期时就开始使用。

食盐

初期……×	
中期……△	
后期……△	
完成期…△	

断奶餐的烹调是以保有素材的原始风味为原则，并不需添加很多调味料，尤其食盐，更要少量使用，避免在宝宝发育过程中对肾脏造成负担。

酱油

初期	······	×
中期	······	△
后期	······	△
完成期	···	△

一小匙的酱油大约含有0.9g的盐分，所以酱油和盐都必须加以控制用量，少许使用以增加香味即可。

味噌

初期	······	△
中期	······	△
后期	······	△
完成期	···	△

因为味噌的盐分含量高，最好少量添加，增加风味就好；以一般的味噌汤来说，最好用3~4倍的热水稀释。不过如果使用低盐味噌，则可以安心食用。

海苔酱

初期	······	×
中期	······	△
后期	······	△
完成期	···	△

海苔酱不但含有很高的盐分，还有很多添加物，所以不建议让宝宝食用。或是中期以后可在热水或汤中加一点以增加风味。

胡椒粉

初期	······	×
中期	······	△
后期	······	△
完成期	···	△

胡椒刺激味较重，后期可以少量添加，以增加风味，让宝宝的断奶餐更富有变化。

蛋黄酱

初期	······	×
中期	······	×
后期	······	○
完成期	···	○

从断奶餐后期的阶段开始就可以开始慢慢添加使用了。因为蛋黄酱中含有生鸡蛋，经过煎炒等烹调过程，加热过的食品就可以安心食用了。

饮料类

豆浆

初期……△
中期……△
后期……△
完成期…△

豆浆营养价值高，但是含糖量也不低，如果是使用无糖豆浆，就可以从初期开始用来调理喂食了，完成期以后则可以直接饮用。

**100%
纯果汁**

初期……×
中期……△
后期……△
完成期…○

从断奶餐中期开始就可以用冷开水稀释，少量使用于料理中。要注意市售的蔬菜汁及西红柿汁含有盐分，最好选择无盐的果汁。能自己制作新鲜果汁最好，一天也以120ml为限。

**乳酸菌
饮料**

初期……×
中期……×
后期……△
完成期…△

有些市售乳酸菌商品的糖分含量非常高，所以并不建议让宝宝饮用；但是后期以后，在不影响正餐和喂乳的前提下，可以考虑少量喂食。

矿泉水

初期……×
中期……×
后期……×
完成期…×

一般的矿泉水含有矿物质，可能会对宝宝肾脏造成负担，需多加注意。

蜂蜜

初期……×
中期……×
后期……×
完成期…△

要注意蜂蜜中可能会含有容易引起宝宝食物中毒的肉毒杆菌，一岁前的宝宝抵抗力尚未增强，最好不要喂食。

市售果汁

初期……×
中期……×
后期……×
完成期…△

市售的浓缩还原果汁几乎都添加了不少的糖分和香料，所以宝宝一岁之前最好不要饮用。妈妈们最好自行榨汁、稀释后，再给宝宝饮用果汁比较安全。

市售茶饮

初期……×
中期……×
后期……×
完成期…△

罐装和瓶装的绿茶或乌龙茶都含有咖啡因及添加物，并不建议让宝宝饮用。

可可

初期……×
中期……×
后期……×
完成期…△

可可或是巧克力都含有高糖分及咖啡因，并不建议直接让宝宝饮用；完成期以后可少量稀释饮用，或是用来增加食品香味。

做出宝宝喜欢的断奶餐

想要做出受宝宝喜爱的断奶餐，首要条件就是食材选择要以新鲜天然、易消化吸收、注意卫生为原则，并且要依宝宝的需求来决定断奶餐的添加。每个宝宝发育的情况不同，断奶餐的添加自然也不同。例如瘦小、安静的宝宝对食物的需求，就比个子大、活动力强的宝宝来得少。此外，要记得随时变换食物的花样与做法，以免宝宝吃腻一成不变的食物。

调味料能少则少

妈妈们在制作断奶餐时，要选择容易消化的断奶餐，并采取：**流质 → 半流质 → 半固体 → 固体**的添加程序，由低过敏、口味淡的食物开始。食物避免油腻或是油脂过度，宝宝十个月前不要添加盐、糖、味精等调味料，不要以大人的口味来评估食物是否可口美味。断奶餐或是给宝宝喝的开水中，千万不要加蜂蜜，因为蜂蜜在制作过程中容易受到污染，会存留"肉毒杆菌"，婴幼儿的肠胃功能还未成熟，易造成呕吐、神智不清、呼吸困难等症状。

美味关键就是鲜味高汤

由于在初期、中期、后期的断奶餐中，不能添加过多的盐、糖等调味料，因此要让这种近乎没有味道的食品，能够尝起来好吃，就只能以鲜味取胜，所以高汤的熬煮就变得非常重要，同时也是断奶餐能够鲜美好吃的关键。

妈妈们可到市场买猪肋骨与鸡腿骨，将之氽烫后洗净，用小火熬煮一个小时，再沥出汤汁放凉，等放凉后放入冰箱冷藏，以方便除去高汤中的油质，如此便可做成美味的清高汤了。

清高汤可以用塑料袋一袋袋地分装冷冻，每次取用一包解冻烹煮，或是可以用制冰盒制成一块块的自制高汤块，既方便又鲜甜。

不过，虽然原汁原味是料理的最上品，但是过于清淡也会让宝宝觉得腻，其实最能让宝宝接受，甚至是喜爱的断奶餐口味，是食物中带点甜味及酸味，所以妈妈们在选用食材时，可以挑选带有天然甜味或酸味的食物，来制作宝宝的断奶餐。

少量分装，冷冻保鲜

宝宝对断奶餐的需求量一次不会太多，但是每次只做一点点的断奶餐，对妈妈来说却是很困扰的事，所以妈妈们可以一次多做一些，再以一次的分量分装在小保鲜盒里，放入冷冻库中保存，可是一定要记住断奶餐的存放时间最好不要超过三天；如此，不但能保持断奶餐的新鲜美味，更不用担心食物变质，让家中的小宝贝闹肚子。

冷冻法的基本技巧

由于现代的妈妈们工作繁忙，在制作断奶餐时，为了求方便快速，可预先大量制作，然后再分装为小分量，冷冻保存，要使用时再取用，此不失为简易轻松的好办法。

1.制冰盒

断奶餐水分含量高，口感也较软，最适合用制冰盒冷冻。事先掌握好冷冻后每块的分量，以方便能取用适当的分量为原则。不论是主食、蔬菜或蛋白质食品，使用制冰盒都是最理想的冷冻方法。

2.用小容器密封分装，不占空间

小型的密封容器相当普遍，可以选同尺寸的容器，如此一来，放入冷冻库时可方便重叠，较不占空间。此外，方形较圆形不浪费空间，值得推荐。一些冰淇淋或市售的宝宝食品空盒也可善加利用。

3.依营养种类分别保存，可方便取用

一次购回相当分量的各种食材，可以分别用保鲜膜包住直接冷冻。如果担心光凭外观无法辨识内容物时，可依颜色区分，例如：主食——黄色、蛋白质——红色、蔬菜——绿色等，依营养成分加以分类，在保鲜膜上贴上有色标签，或是放入有颜色区分的容器内，这样就能轻松做出营养均衡的宝宝食品。

4.以每10g一份的分量分装后再冷冻

蔬菜类煮软后磨成泥状，以每10g一份的分量，放在平面容器上分别冷冻，之后再一起放入密闭容器或冷冻专用盒保存。记住，用微波炉加热时，可以视食材的需要加点水。一般每10g以加热20～30秒为佳。

5.冷冻中可适时掰动，方便取用

为了避免食材冷冻后会黏在一起，变成一大块很难使用，西蓝花等蔬菜可在冷冻1～2小时后，中途拿出来加以掰动后再放回，如此就不会纠成一团了；或是分装成小块冷冻，较为方便使用。

基础断奶餐的调理方式

如何将食材捣碎压泥

由于断奶餐是宝宝从喝母乳到吃一般食物前的过渡食品，为了方便宝宝进食，大部分的断奶餐都是糊状或泥状形态，甚至有些时候必须以流质食物喂食，因此妈妈在调理断奶餐时，就得将大部分的食材捣碎或磨成泥。而每种食材的软硬度都不大相同，所以准备食材时，便有不同的处理方法。以下是几种最基本，也最常见的食材捣碎法。

A.以研磨棒或铁汤匙来捣碎压泥

大部分的食材都可是用这种方法磨成泥，如：肉类、根茎类、淀粉类等硬度较高、不易磨碎或无法直接刮泥的食材。

B.使用研磨器磨制

只要软度适中的食材都可以用研磨器来磨泥，如：豆腐、熟蛋黄等。

C.以铁汤匙直接刮泥

喂宝宝吃水果时，可以用这种方式直接将水果刮成泥，不但简便，而且不用担心水果快速氧化。

D.直接用果汁机打碎

这是最简便也最快速的调理方式，几乎所有的食材都适合于采用此法；尤其常适用于较硬、不容易煮透的食材，如：糙米。或是当妈妈忙碌，无法花太多时间处理食材时也可以使用。

A.以研磨棒或铁汤匙来捣碎压泥

B.使用研磨棒磨制

C.以铁汤匙直接刮泥

D.直接用调理机打碎

各阶段的食材处理方式

　　为了配合宝宝各阶段的成长，同样的食材，必须有不同的处理方法，以下列举了几项主要材料，示范最佳的处理方法。

A.土豆

土豆富含淀粉质及维生素C，是除了稀饭之外最适合宝宝的断奶餐材，而且调理起来也十分简单，不过要注意的是，土豆种类很多，应该选择容易煮烂的品种。

初期
磨成泥后，调点煮土豆的汤汁来稀释。

中期
将硬块捣碎，再加少许水煮土豆的汤汁。

后期
可以切小丁或是略微捣碎，以便宝宝容易吞咽。

完成期
将土豆切成宝宝适口的小块状。

B.南瓜

南瓜含有丰富的胡萝卜素，而且十分容易调理。使用微波炉加热相当快速：将1~2块冷冻的南瓜（如果是生的，最好切大丁），排放在耐热容器内，洒上水后封上保鲜膜，放入微波炉加热2分钟，即可取出捣泥。

初期
将南瓜肉捣成泥后，再调入汤汁稀释。

中期
煮熟后再将硬块捣碎，加入少许水分拌匀。

后期
切成小丁后略微捣碎，再加些汤汁润口。

完成期
如果煮得够软就可直接切成大丁喂食了。

C.胡萝卜

虽然胡萝卜看来很硬，不过只要煮得够软，就可以轻松捣碎。不论是胡萝卜本身的甜味，或是它丰富的营养成分、外表的鲜艳色彩，都很适合宝宝。而且在断奶餐后期之后，还可切成棒状让宝宝握食，以训练宝宝手部的灵活。

D.西蓝花

属于黄绿色十字花科蔬菜，含有丰富的维生素A、维生素C、铁质等，营养丰富。调理断奶餐时只要用花心部分，梗不要用。此外，必须将花心掰成幼儿一口的大小，放入热水中烫熟；煮熟后直接放凉较能保留甜味。

初期

用磨泥器磨成泥，再调入汤汁稀释。

初期

磨成泥后再用汤汁勾点芡。

中期

用铁汤匙背部将熟胡萝卜丁捣成稍有硬块的泥。

中期

将西蓝花切成非常细碎的小丁给宝宝食用。

后期

用刀子切碎或直接以汤匙捣碎。

后期

切成小块即可。

完成期

切成块状或棒状，可以试着让宝宝自行拿取。

完成期

可用厨房剪刀剪成适合宝宝食用的大小。

E.香蕉

香蕉香味浓郁又富含营养，含多量的糖类、维生素、矿物质，以及钾、锌等微量元素。口感有咬劲，也容易捣碎、磨泥，很适合用来调理断奶餐。

F.鱼肉

宝宝8个月之后，也就是断奶餐中后期的开始，可挑战食用鱼肉。其中白肉鱼最容易消化、脂肪少，最值得推荐。处理鱼片时，需去骨、去皮，等水煮沸后再放入鱼肉，直到完全煮透才起锅；处理时要趁热，才容易捣烂。

初期

以铁汤匙刮成泥状，再调些水分稀释。

初期

捣成泥状，再加些汤汁或勾点芡，让宝宝易于吞咽。

中期

以铁汤匙刮成泥状，再调些水分稀释。

中期

捣成泥状的鱼松，可以稍微勾芡，避免太干。

后期

切成0.8cm见方的小丁即可。

后期

略微捣碎，其中仍有细微颗粒。

完成期

切成适合宝宝嘴巴大小的块状。

完成期

可用汤匙切成小碎块，或整块拿上桌边切边喂。

快速调理事半功倍

为了让宝宝容易吞咽，调理断奶餐时，难免要捣碎或磨泥，相当费时费力，以下教你几招快速的调理法，保证让你事半功倍。

1.煮过、冷冻后再磨碎

胡萝卜可先切大块，水煮后冷冻备用，使用时再取需要的量磨碎。油菜或菠菜等绿色蔬菜，可先水煮后沥干水分，用保鲜膜裹住后冷冻，如此一来也方便取用、磨碎。

2.以保鲜膜或是塑料袋包住后捣碎

煮熟的南瓜、土豆以及水果等，可用保鲜膜或是塑料袋包住，再以锤子、汤匙等道具挤压，如此就能迅速捣成泥状，或是先用微波炉加热后，直接捣碎。

3.放入塑料袋用擀面杖磨碎

将米饭放入可加热的塑料袋加热，之后用擀面杖直接在塑料袋上滚动，如此再加上一点高汤就成了营养的稀饭；面类也适用。

4.果汁机瞬间磨成浓稠状

做断奶餐时要磨、要捣，相当费工夫，如果用果汁机帮忙，瞬间就可磨成浓稠状，大人吃的食物也适用，非常值得推荐。

宝宝生病时该怎么吃

如果怀疑宝宝可能生病了，首先要做的就是带宝宝去看医生，不要擅自以感冒处理，延误宝宝就医。回家后也要遵照医师的指示看护，并给予适当的照料，尤其是断奶餐的调理必须特别小心，以下介绍一些宝宝生病时应注意的一些事项，以及各种疾病症状时的断奶餐调理。

生病断奶餐的三大重点

A.多补充水分

补充水分不能操之过急，要少量、多次。当宝宝出现拉肚子、呕吐、食欲不振等症状时，身体的水分会逐渐流失，进而导致尿量减少、嘴唇干裂等，这些都是脱水的症状。这时务必要加强水分的补充，不论是冷开水或是果汁，只要宝宝愿意喝即可；不过要注意的是，不能一次喝太多，必须少量、多次，逐渐补充。

B.使用容易消化的食材

避免高纤、高脂的食物，以免刺激宝宝疲弱的肠胃。当宝宝生病时，要注意让宝宝吃些容易消化的食物，以免增加他的肠胃负担。而所谓容易消化的食物，基本上就是少用高纤、高脂等，会刺激宝宝肠胃的食材，但是如果宝宝便秘的话，还是要多摄取纤维质。当宝宝症状有所起色，能够正常进食时，可以依序先吃碳水化合物的食品，例如：稀饭、面条等；其次是蔬菜类，例如南瓜等纤维质较少的食物；最后才是油脂较少的蛋白质类，例如：鸡肉、豆腐、白肉鱼等，依序为宝宝补充营养，直到宝宝完全恢复才能正常进食。

C.食物要调理得软一点

征询医师的意见之后，可将断奶餐的硬度调回前一阶段。除了便秘之外，当宝宝出现身体不适的症状时，原则上也必须把断奶餐的硬度、大小调回前一阶段，例如目前为中期，就调到初期适合吃的硬度，同时也要减少食物的量。只是，每个宝宝的症状反应不同，吃断奶餐的进度也不一样，因此最好还是和医师商量后再调整。如果宝宝没有食欲，也不要勉强，只要注意补充水分即可。

各种症状的断奶餐调理

A.发烧时，喂食断奶餐的重点

当宝宝发烧到38.5度，有呕吐、疲累无精神等症状时，最好多补充水分，有食欲的话可以让宝宝吃些容易消化的食物；如果宝宝这个时候没有食欲的话，可暂时停止喂食断奶餐，只要补充足够水分即可。

a.选择容易入口的食物

如果宝宝发烧，导致没有食欲时，可准备稀饭或汤类等水分含量高，且容易入口的食物，也可少量喂食优格乳、宝宝食用的果冻及布丁等清凉、口感好的食物。

b.注意维生素及矿物质的补充

如果宝宝发烧、大量流汗，体内的维生素及钾、钠等矿物质容易流失，这时可喂食果汁、蔬菜汤等水分多又富含维生素及矿物质的食物。

c.充分地补充水分

发烧时，宝宝体内的水分容易流失，可让宝宝多喝开水、麦茶等。如果宝宝状况不好时，不要一次让他喝太多，最好是少量、多次喂食。

B.咳嗽、恶心时，喂食断奶餐的重点

妈妈们常有这样的经验，宝宝在吃饱打嗝时，往往会将牛奶或刚吃下的食物又吐出来。但要注意的是，如果吐完后宝宝的状况及食欲都还不错，那就不用担心。可是要是宝宝显得疲累、脸色很差、不想喝水或是吐出的东西含有黄色液体，那最好立刻到医院接受检查。

a.不要喂食刺激性的食物

宝宝咳嗽时，最好避免喂食味道及香气太重的食物，以免造成过敏、刺激喉咙。建议调理水分多或稠糊状、容易咽食的食物为宝宝补充营养。

b.慢慢补充水分

呕吐后不要马上让宝宝喝水，等到恶心的状况平复后，再用汤匙慢慢地喂。但是要注意的是，避免用奶瓶或杯子让宝宝一口气喝完，而是要一边观察宝宝的状况，一边慢慢喂食。

c.暂时停止断奶餐

宝宝吃东西时如果经常呕吐，最好征询医生的指示，暂时停止喂食断奶餐。等到宝宝呕吐的症状停止、食欲恢复后，再慢慢喂食果汁及汤汁。柑橘类的食物容易引起恶心的症状，最好暂时避免食用。

C.便秘时，喂食断奶餐的重点

人体排便的频率因人而异，宝宝只要能顺畅地排便，就算次数少也不用担心。一般来说，宝宝便秘的症状有：胀气、呕吐、激烈哭闹、肛门裂伤出血等。当宝宝出现便秘现象时，妈妈就必须注意断奶餐中的纤维质含量，并考虑调整食物内容。

a.重新考量断奶餐的内容和分量

宝宝中期出现便秘，通常是因为喂食量过少，或者吃了不容易消化的食物所致。甜性的食物只要吃一点点就会有饱足感，而蛋白质摄取过量也容易导致便秘，都需多加留意。

b.摄取富含纤维的食物

宝宝便秘时，断奶餐要以富含纤维质的食物为主。碳水化合物类可多吃薯类，蛋白质类食物则首推大豆。至于蔬菜中的菠菜、油菜、豆苗，以及柑橘类果汁、海藻类食物，都是不错的选择。

c.补充母乳及牛奶

宝宝刚开始吃断奶餐时，有时会因为从母乳及牛奶摄取的水分相对减少而导致便秘，这时需多摄取母乳、牛奶、果汁、蔬菜汁来补充水分。

D.拉肚子时，喂食断奶餐的重点

宝宝拉肚子通常可能是感冒所引起。如果身体状况不好没有食欲时，请不要强行喂食，务必接受医生的诊治，按照医生的指示暂时停止断奶餐，或者更改食物的调理方式。如果只是轻微地拉肚子，只需补充水分即可，食物以微温最适合；至于冰冷的饮料则要避免，以免刺激肠胃。

a.慢慢恢复调回原来的食谱

可依据宝宝实际症状和医生的诊断，重新斟酌断奶餐的分量及调理方式。身体状况恢复后，也不要一下子就调回原来的食物，最好是以补充**水分→碳水化合物→蔬菜→蛋白质**的顺序，逐步恢复正常饮食。

b.喂食容易消化的食物

宝宝如果食欲还好，就可继续喂食断奶餐。建议以容易消化的稀饭、面条，或是可改善拉肚子且富含果胶的苹果及胡萝卜为佳。纤维质太高，或含有蛋白质等较不容易消化，容易刺激肠胃的食物，最好暂时避免。

c.适当补充水分

宝宝拉肚子时体内的水分会大量流失，务必适时补充水分，但是容易刺激肠胃的乳酸饮料、柑橘类果汁及冰冷的饮品则应当避免。

E.口腔发炎时，喂食断奶餐的重点

宝宝口腔炎的主要症状有：口腔内溃烂或出现斑点、牙龈肿胀、发烧，以及呼吸困难等症状；而引起宝宝口腔炎的原因通常都是病毒、细菌感染，以及营养不良所造成，这时最好先接受医生的诊治。

如果宝宝没有食欲，可视实际状况喂食冷开水、茶及没有酸味的果汁等，适当补充水分。如果宝宝实在痛到无法进食时，不论宝宝多大，最好都能喂食茶碗蒸、布丁、豆腐等软嫩而容易进食的食物。

a.喂食营养度较高的食物

因为宝宝的伤口会痛，最好不要喂食太多，建议以少量但营养度高，容易有饱足感的食物为佳，例如：蔬菜浓汤、布丁、优格乳、土豆泥等。

b.避免刺激性高的食物

油炸食品及饼干等干硬的食物容易刺激患部造成疼痛，最好避免。柑橘类及醋等酸性较高的食物、太热或太冷的食物都会刺激患部，在症状痊愈前都要避免。

c.小心不要让汤匙碰到患处

用汤匙喂食时要当心不要碰到宝宝的伤口。流质的东西可以不用碰到口腔直接喂食，以减少宝宝的疼痛感。

F.过敏时，喂食断奶餐的重点

所谓食物过敏，是指吃到某些特定食物时，就会引起湿疹、荨麻疹、拉肚子、呕吐、气喘等症状。由于过敏的症状很难断定，有症状发生时，最好立即找医生诊断，切勿擅自禁止某些食物，以免妨碍宝宝的发育。如果诊断的结果确定是某种食物引发过敏的话，应遵从医生和营养师的指示，慎重地选择断奶餐。

a.可选购市售的宝宝专用抗过敏食品

如果检查结果确定宝宝为食物过敏的话，需遵照医生指示，避免吃会引发过敏的事物。现在市面上也有一些过敏体质专用的宝宝食品，可善加利用。

b.将菜色内容及症状记录下来

当宝宝有过敏症状时，建议最好针对以下几个要项做好记录，以提供医师参考：

1.料理的食材及调理方式

2.喂食的分量

3.出现何种症状

c.务必听取医师的意见

许多妈妈常常会误信一些传言，而自行限制宝宝吃某些食物，其实这都是不好的，传言不一定正确。如果有任何忧心的症状发生时，都务必要找医生商量。

Part 2
初期断奶餐
5~6个月大

时间表

刚开始可以采用液状的食物，不硬而且是糊状的断奶餐，从一匙开始，慢慢增加分量。

营养比例

母乳/牛奶 90%　　断奶餐 10%

6:00

10:00

宝宝原本只习惯喝牛奶或母乳，舌头只会前后动。因此刚开始的断奶餐必须捣成泥状，让宝宝闭着嘴巴也能吞咽，才能逐渐习惯断奶餐。原则上，从宝宝5个月大时开始，就可以一天喂一次断奶餐，6个月大时就可增加为每天两次，最好选在哺乳前喂食。

1.让宝宝熟悉汤匙的喂食

可在正式吃断奶餐前提早练习，让宝宝的嘴巴熟悉汤匙的喂食。练习时，可以每天1~2次用汤匙喂食稀释过的果汁。

要注意宝宝刚开始可能还不习惯，而且也不知道是否会出现过敏反应，所以刚开始只能喂食一汤匙的量，而且必须稀释；每天最多不能超过30ml。

一般妈妈都会将断奶餐直接倒进宝宝嘴，这是错误的。正确的方式是必须将汤匙轻轻放在宝宝的下唇，宝宝就会自动张开嘴巴，并开始吸食。

2.养成吃断奶餐的习惯

这个阶段的宝宝主要营养来源还是牛奶或母乳，吃断奶餐还在练习阶段，如果宝宝不吃断奶餐，妈妈们也不必太焦虑，先以养成习惯为先；营养调配方面，可以等到后期才开始注意。

断奶餐的时间一天一次，可选择上午或下午。一般来说，上午大约是10点左右，下午的话是2点或6点左右。宝宝6个月时可以增加到一天两次。

14:00   **18:00**   **22:00**

=牛奶　　=断奶餐

淀粉类 # 十倍粥

营养成分

热量 353 kcal	蛋白质 7.0 g
脂肪 0.6 g	糖 类 77.7 g

材料

白米…………1杯
水……………10杯

做法

❶米洗净加入10杯水浸泡30分钟。

❷浸泡过的米连同水一起煮滚，改小火熬煮40分钟，熄火再焖5分钟至糊状即可。

美味秘诀

1. 用小火熬煮至糊状，呈入口即化的状态，有利于宝宝吞咽。

2. 宝宝的肾脏在出生至8个月之间，无法代谢钠，因此10个月大以后的宝宝才可以在食物中加少许盐调味。

3. 可将水改成清高汤，让味道更加鲜美营养。

淀粉类 麦糊

营养成分

热量 33.4 kcal	蛋白质 1.1 g
脂肪 1.4 g	糖 类 4.1 g

材料

麦粉…………1大匙

牛奶…………50ml

做法

❶麦粉与牛奶充分拌匀成稀糊状即可。

美味秘诀

1.牛奶可更改为开水或清高汤。

2.宝宝刚食用副食品要采取逐次渐进的方式，一次只添加一种食材，观察宝宝排便是否正常，有没有腹泻。等宝宝肠胃完全适应后，才可再添加第二种食材。同时不可一次喂食过量。

淀粉类 米糊

营养成分

热量 33.4 kcal	蛋白质 1.1 g
脂肪 1.4 g	糖 类 4.1 g

材料

婴儿米粉……1大匙

温牛奶………50ml

做法

❶米粉与牛奶充分拌匀成稀糊状即可。

美味秘诀

1.牛奶可更改为开水或清高汤。

2.宝宝的肠胃比较敏感，添加副食品时，最好从容易消化的食物开始，可以选择婴儿米粉喂食。因为米粉经过细粉化处理，除了好消化外，也较不易引起过敏，是宝宝初次添加断奶餐最好的选择。

淀粉类 胡萝卜粥

营养成分

热量 39.3 kcal	蛋白质 1.8 g
脂肪 0.1 g	糖 类 20.2 g

材料

胡萝卜………10g
十倍粥………1/2碗

做法

❶胡萝卜削皮切丁，放入滚水中煮至软。

❷然后放入滤网中以汤匙磨成泥。

❸十倍粥与胡萝卜泥混合后再煮滚约5分钟即可。

美味秘诀

1.也可以将煮软的胡萝卜丁与十倍粥放入调理机或是果汁机中打成糊状。

2.胡萝卜淡淡的甜味，可增加粥品的风味。可安定人体神经系统、增强视力、抵抗病毒。

淀粉类 胡萝卜鳕鱼粥

营养成分

热量 89.1 kcal	蛋白质 6.2 g
脂肪 3.6 g	糖 类 20.2 g

材料

鳕鱼…………30g
胡萝卜………10g
十倍粥………1/2碗

做法

❶胡萝卜去皮、切成丁，鳕鱼切成丁。

❷胡萝卜丁、鳕鱼丁与十倍粥混合煮软，倒入搅拌机中打成糊状。

美味秘诀

1.鳕鱼的鲜、胡萝卜的甜，使粥品鲜甜可口。

2.胡萝卜含丰富维生素A、B$_1$、B$_2$、胡萝卜素，能安定宝宝神经系统，增强视力。

西红柿麦粉糊

营养成分

热量 91.7 kcal	蛋白质 4 g
脂肪 1.3 g	糖 类 16 g

材料

西红柿…………50g
麦粉…………2大匙
热水…………4大匙

做法

❶西红柿洗净，放入滚水中氽烫几秒后捞起，去皮去籽，剁成泥状。

❷热水和麦粉调成糊状，放在容器中，加上西红柿泥即可。

淀粉类 蛋黄吐司泥

营养成分

热量 45.7 kcal		蛋白质 2.5 g
脂肪 3.7 g		糖 类 0.6 g

材料

熟蛋黄…………1/2个
白吐司…………1/2片
热水……………4大匙

做法

❶鸡蛋放入滤网中磨成泥。
❷吐司切成小丁，加热水拌成泥，放入
　碗中，加入蛋黄泥即可。

毛豆西式粥

淀粉类

营养成分

热量 72.8 kcal	蛋白质 3.7 g
脂肪 3.1 g	糖 类 19.9 g

材料

毛豆…………4粒

熟蛋黄………1/2个

十倍粥………1/2碗

做法

❶毛豆去膜，放入十倍粥中煮软。

❷放入搅拌机中打成糊状。

❸熟蛋黄放入滤网中磨成泥，放在毛豆粥品上，吃时拌匀即可。

> **美味秘诀**
>
> 1.毛豆粥营养丰富，顺口又美味。毛豆需剥去外膜，口感上才能更加细致。
>
> 2.毛豆含丰富的蛋白质、脂肪、糖类、磷、铁、纤维质、维生素A、B族维生素，对促进成长、保健神经、缓和痉挛抽筋相当有效。

西蓝花粥

淀粉类

营养成分

热量 38.6 kcal	蛋白质 2.1 g
脂肪 0.1 g	糖 类 19.9 g

材料

西蓝花………10g

十倍粥………1/2碗

做法

❶西蓝花洗净，切成小细末。

❷西蓝花煮软后，加入十倍粥一起熬煮至软。

❸起锅后放凉，放入搅拌机中打成糊状即可。

> **美味秘诀**
>
> 1.宝宝刚开始品尝蔬菜，可以挑选具防癌、抗氧化功效的西蓝花，既健康又美味。
>
> 2.西蓝花含丰富的维生素A、B族、C和E、矿物质、纤维质，是抗癌、防老化的蔬菜，对幼儿细胞的成长、造血功能、抗过敏都相当有帮助。

淀粉类 豆浆地瓜泥

营养成分

热量 69.2 kcal	蛋白质 0.5 g
脂肪 0.3 g	糖 类 14.5 g

材料

地瓜…………40g

豆浆…………2大匙

做法

❶地瓜削皮，蒸熟后放入滤网中，以汤匙磨成泥。

❷加入豆浆调匀即可。

> **美味秘诀**
>
> 1.地瓜的甜、豆浆的香，美味可口又健康。
> 2.豆浆含丰富蛋白质、钙质，地瓜含丰富维生素A、维生素C、膳食纤维、胡萝卜素等，对宝宝的成长发育很有帮助。

淀粉类 土豆优格乳

营养成分

热量 43 kcal	蛋白质 1.5 g
脂肪 0.6 g	糖 类 7.8 g

材料

土豆……………40g

原味优格乳……1大匙

海苔粉…………少许

做法

❶土豆去皮，蒸熟后放入滤网中，以汤匙磨成泥。

❷将土豆泥与优格乳拌匀。

❸撒上少许海苔粉做装饰即可。

> **美味秘诀**
>
> 1.优格乳中的乳酸菌有易于宝宝的肠胃吸收，同时微酸的口味可增进食欲。
> 2.土豆含丰富的蛋白质、淀粉、氨基酸、钾、镁、锌、粗纤维质，健脾益气，有助氧气输送到脑，增进思考能力，增强反射能力，减少幼儿痉挛的发生。

西红柿乌龙面

营养成分

热量 60 kcal	蛋白质 2.2 g
脂肪 0.3 g	糖 类 12.6 g

材料

乌龙面………2大匙

西红柿………1小颗

做法

❶乌龙面切成小段，煮软后磨成泥。

❷西红柿氽烫后去皮、去籽，磨成泥。

❸乌龙面糊装盘，放上西红柿泥即可。

美味秘诀

1. 此时宝宝尚没有咀嚼能力，所以乌龙面不可有颗粒状。这道菜很爽口，很适合宝宝食欲不振时食用。

2. 西红柿有丰富的维生素C、维生素P、矿物质、胡萝卜素、茄红素，有健胃、消食、清热、利尿等功效。

南瓜面包粥

营养成分

热量 43.9 kcal	蛋白质 1.4 g
脂肪 0.9 g	糖 类 7.5 g

材料

吐司………1/4片

清高汤………100ml

南瓜泥………2小匙

做法

❶吐司去四周硬边后，撕成小块，加进高汤煮烂。

❷南瓜削皮、去籽，煮熟后磨成泥，放在面包糊上。

美味秘诀

1. 此道粥品顺口香甜。

2. 南瓜含丰富的糖类、淀粉、胡萝卜素、果胶，以及钾、钴等矿物质，对于宝宝的营养供给相当有帮助。

苹果泥

矿物质
维生素

营养成分

热量 15.3 kcal	蛋白质 0.1 g
脂肪 0.07 g	糖 类 4.0 g

材料

苹果…………1/4个

做法

❶苹果洗净，去籽，以铁汤匙刮成泥状，现刮现吃。

美味秘诀

1. 苹果要选择鲜甜多汁的，在刮成泥状时需小心，千万不可有颗粒。
2. 苹果所含的苹果酸具有消炎、促进肠道蠕动的效果。
3. 果糖及丰富的果胶纤维，使宝宝不会因为体内血糖不足，而容易引起烦躁或情绪低落。

木瓜泥

矿物质
维生素

营养成分

热量 31 kcal	蛋白质 0.5 g
脂肪 0.05 g	糖 类 8.0 g

材料

木瓜…………1/4片

做法

❶木瓜去除籽及内膜，以铁汤匙刮成泥状即可。

美味秘诀

1. 木瓜含有一种特殊成分，叫做"木瓜蛋白酶"，它是一种帮助人体消化蛋白质的酵素，能够分解蛋白质。
2. 木瓜泥入口即化。木瓜可以选择红肉的品种，口味鲜甜美味。

矿物质 维生素 包菜土豆泥

营养成分

热量 21.4 kcal	蛋白质 0.7 g
脂肪 0.2 g	糖 类 4.2 g

材料

包菜…………20g

土豆…………20g

做法

❶包菜切成细末，蒸熟。

❷土豆去皮、蒸熟后，压成泥。

❸土豆泥置于小碗中，放上包菜末即可。

矿物质
维生素木瓜苹果泥

营养成分

热量 22.4 kcal	蛋白质 0.2 g
脂肪 0 g	糖 类 5.4 g

材料

木瓜…………20g

苹果…………20g

做法

❶木瓜去籽，以铁汤匙挖成泥。

❷苹果去皮，磨成泥，加入木瓜泥混合
即可食用。

水果豆腐泥

营养成分

热量 29.5 kcal	蛋白质 2.0 g
脂肪 0.8 g	糖 类 3.9 g

材料

豆腐…………20g

猕猴桃………1大匙

西红柿泥……1大匙

做法

❶豆腐放入滚水中，烫煮片刻，取出压成泥；猕猴桃去皮、去心；西红柿汆烫去皮、去籽，皆磨成泥。

❷将猕猴桃泥、西红柿泥放在豆腐泥上，食用时混合拌匀即可。

美味秘诀

西红柿、猕猴桃皆含有丰富的维生素C及12种氨基酸，不但能开胃健肠、增进食欲，还可预防感冒。

初期断奶餐

Part 2

胡萝卜橘子泥

营养成分

热量 15.1 kcal	蛋白质 0.2 g
脂肪 0.1 g	糖 类 3.4 g

材料

胡萝卜………20g

橘子汁………1大匙

清高汤………1大匙

做法

❶胡萝卜去皮煮软，放入滤网磨成泥。

❷胡萝卜泥、橘子汁、清高汤混合调成稠状。

美味秘诀

1.这道料理色彩鲜艳，加上淡淡的甜味，很受宝宝喜欢。

2.胡萝卜营养价值高，含大量的胡萝卜素、维生素A，能安定人体神经系统、增强视力、抗病毒、强化人体免疫力。

蛋白质
豆腐蛋黄泥

营养成分

热量 32.6 kcal	蛋白质 2.1 g
脂肪 2.4 g	糖 类 0.4 g

材料

嫩豆腐………20g
熟蛋黄………1/3个
海苔粉………1/8小匙

做法

❶嫩豆腐放入滚水中煮片刻，取出后压成泥。

❷蛋黄磨成泥，放在豆腐泥上，撒上少许海苔粉增加香味。

美味秘诀

1. 豆腐含维生素A、B族维生素和钙质、蛋白质，尤其钙质对于宝宝的牙齿及骨骼发育相当好。
2. 蛋黄有丰富的卵磷脂、B族维生素，能促进成长和细胞再生、增强体力。

蛋白质
菠菜蛋黄泥

营养成分

热量 37.9 kcal	蛋白质 2.0 g
脂肪 3.0 g	糖 类 0.7 g

材料

菠菜叶………20g
鲣鱼粉………1/4小匙
水煮蛋黄………1/2个

做法

❶菠菜汆烫后切碎，放入小锅中加水1杯、鲣鱼粉1/4小匙，一起煮软，取出磨成泥；蛋黄磨成泥。

❷菠菜泥装盘，撒上蛋黄泥即可。

美味秘诀

1. 蛋黄含丰富的维生素A、铁质，多加食用可以适时补充宝宝体内营养的不足，满足生长的需要。
2. 菠菜含丰富铁、钾，是补血的蔬菜，对宝宝发育很有帮助。

南瓜豆腐泥

营养成分

热量 32.8 kcal	蛋白质 2.2 g
脂肪 0.8 g	糖 类 4.5 g

材料

嫩豆腐…………30g

南瓜……………25g

青豆……………25g

做法

❶豆腐放入滚水中烫煮，取出压成泥。

❷南瓜去皮、去籽，煮软，压成泥。

❸青豆去皮，煮软，压成泥。

❹容器内放入豆腐泥、南瓜泥及青豆泥
即可。

美味秘诀

1.这道菜营养丰富、色彩缤纷，叫人食指大动。

2.南瓜中富含β胡萝卜素，被人体吸收后会转化为
维生素A，可预防感冒、增强体力。

蛋白质 地瓜优格乳

营养成分

热量 59.4 kcal	蛋白质 1.5 g
脂肪 0.9 g	糖 类 11.1 g

材料

地瓜…………………30g

原味优格乳……1大匙

黄豆粉…………1/2小匙

做法

❶ 地瓜削皮，煮软后磨成泥，如果太硬，可加点高汤。

❷ 将优格乳淋在地瓜泥上，然后撒上黄豆粉即可。

美味秘诀

1. 因加了少许黄豆粉，使这道点心别具风味，香甜营养，可当作宝宝的零嘴。

2. 地瓜含丰富的维生素C、淀粉、胡萝卜素。黄豆粉含大量的维生素B_1、B_2，以及人体所需的氨基酸，可以促进成长，修复组织及产生抗体。

蛋白质 芦笋牛奶蛋

营养成分

热量 48.5 kcal	蛋白质 1.9 g
脂肪 3.3 g	糖 类 2.5 g

材料

熟蛋黄………1/2个
牛奶…………1大匙
小芦笋………20g

做法

❶蛋黄压成泥，放入碗中和牛奶一起搅拌均匀。

❷芦笋切小丁，放入滚水中煮软后，捣成泥，放在奶味蛋黄上即可。

> **美味秘诀**
> 1. 奶香及蛋黄香两者相互融合，配上芦笋的清香，就是完美的组合。
> 2. 芦笋含丰富维生素A、B、C、E以及糖类，有清热、润肺、镇咳之效，同时能增强人体免疫力，对婴幼儿的成长发育相当有帮助。

蛋白质 香蕉豆浆

营养成分

热量 29.8 kcal	蛋白质 0.3 g
脂肪 0.1 g	糖 类 0.8 g

材料

香蕉…………1/6根
豆浆…………1大匙
黄豆粉………少许

做法

❶香蕉去皮去筋，刮成泥，与豆浆拌成稀糊。

❷撒些黄豆粉在香蕉豆浆糊上即可。

> **美味秘诀**
> 1. 香浓的豆浆和甜味的香蕉是最佳拍档。
> 2. 香蕉含丰富的糖类、维生素B₁、维生素B₂、胡萝卜素、钾、锌等营养，具有通肠润便、安定神经的功效。
> 3. 选择香蕉时，要选择熟香蕉，这样做出来的断奶餐才会香甜。

蛋白质
豆腐茶碗蒸

营养成分

热量 61.1 kcal	蛋白质 5.6 g
脂肪 3.5 g	糖 类 1.8 g

材料

板豆腐………25g
鸡蛋…………1/2个
盐……………少许

做法

❶豆腐压碎，与鸡蛋一起打匀，加少许
盐拌匀，放入容器中。

❷锅中加入适量水烧开，放入豆腐茶碗
蒸，以中火蒸10分钟即可。

<small>蛋白质</small> 胡萝卜豆腐泥

营养成分

热量 29.4 kcal	蛋白质 2.4 g
脂肪 1 g	糖 类 2.7 g

材料

胡萝卜………20g

板豆腐………25g

盐…………少许

做法

❶胡萝卜去皮，磨成泥。

❷板豆腐压泥后加盐拌匀，放入电饭锅或是
煮热水的锅中蒸5分钟。

❸将胡萝卜泥放在豆腐泥上即可。

初期断奶餐Q&A

Q 宝宝总是不喜欢断奶餐，几乎全吐出来，最近甚至只要看到断奶餐就会哭，这该怎么办？

A 4~5个月正是喂食断奶餐的时机，不要焦急，慢慢地让他习惯。对于只吃母乳和牛奶的宝宝而言，要让他吃断奶餐是很费劲的。

一旦进入断奶餐期，妈妈难免容易紧张，会有"一定要让宝宝完全吃下"的焦躁倾向，如果妈妈焦躁不安，宝宝也会感到难以下咽。其实只要在一岁六个月前让宝宝完全断奶即可，可依据宝宝的状况各自调整。何时喂食比较好，妈妈可以慢慢思考。

Q 虽然才刚开始进入断奶餐时期，但是宝宝的食欲相当好，不知不觉间就会再多喂一下，这会对宝宝有不好的影响吗？

A 断奶餐刚开始的一个月内，主要是让宝宝熟悉习惯断奶餐，一次喂太多可能会使宝宝尚未发育完全的消化器官负担不了。宝宝的消化器官虽然会不断发育，但五个月大时，发育程度大约只有大人的30%左右而已，为了让宝宝的消化机能正常运作，必须让他们渐渐习惯断奶餐，基本上是从一汤匙开始，然后边观察宝宝的状况，慢慢地一汤匙一汤匙地逐渐增加。

Q 爸妈喂断奶餐的时间常常不固定，这样是否会对宝宝有不良影响？

A 可以偶尔提早到中午前或延迟到中午后，但基本上还是希望每天可以控制在同样的时段内，或许有时会差个一个小时，只要维持在固定的时段内喂食的话，就可以建立宝宝体内的生理步调。

如此只要喂食时段一到，宝宝体内自然就会分泌出消化酵素，也就是会感到肚子饿，自然就会乖乖进食；尽量让宝宝建立这种良好的生理步调。

Q 宝宝才刚进入断奶餐阶段，却总是一直含在口里不肯吃下去，要如何才能让宝宝好好吞下去呢？

A 首先确认食物是否为黏糊状，不用过于心急。或许断奶餐中还含有一粒一粒的颗粒也说不定，请再次试尝看看是否确实为宝宝容易咽食的黏糊状。就算只是含有少许的颗粒，也会影响宝宝的咽食。

有些宝宝生性较不容易吞咽食物。不过无论如何，都需要花些时间让宝宝练习。而且才刚开始进入断奶餐，先暂且不用心急，慢慢地让宝宝适应即可。

Q 所谓的"清淡"大概是何种程度？不加调味料的食物真的好吃吗？

A 宝宝的身体机能还没完全发育成熟，盐分容易加重他们肾脏的负担，因此原则上盐的使用量必须多加控制。初期的话不需添加调味料就能喂食。

宝宝的食量因人而异，即使食量小也无需担心。不过要是食物难以咽食的话，宝宝就不会想吃，务必将食物调理成容易咽食的黏糊状。中期以后就可添加调味料了，用量大约是大人用量的1/4，只要稍微有味道即可。

Q 宝宝好像讨厌汤匙，才送到嘴边就露出厌烦的表情，要让宝宝喝热水或汤时，总是很费劲。要如何才能让宝宝习惯呢？

A 可把汤匙当成玩具先让宝宝玩，或更换汤匙的材质及尺寸试试看。在此之前，宝宝嘴巴接触的都是妈妈的乳房，或奶瓶嘴之类柔软容易吸吮的物品。对于汤匙的触感会不习惯而觉得讨厌，可暂时当成玩具让宝宝握着熟悉，或许习惯之后就会改善。

另外，有些宝宝似乎会讨厌金属的冰冷感触。可改用口感佳的树脂或木制的汤匙，或是改用尺寸小一号的汤匙。

Q 宝宝虽然有食欲，也很会吃，但吃完10分钟后却又吐了出来。宝宝是不是生病了呢？

A 需仔细观察是吃过多而吐出来，还是过敏造成；请仔细观察是在怎样的情形下吐出来。造成呕吐的原因很多，是因为吃太多，还是不习惯吞咽，或是吃到某些特定的食物时才会呕吐。

试着将喂食的速度放慢，或改变断奶餐的形态。若是吃到某些特定的食物才会呕吐，那就有可能是过敏现象。仔细记下吃了什么、分量多少，然后与医生讨论。若找不出特别原因，而宝宝将食物吐出后健康也无异状，那就无需担心。一般宝宝在习惯断奶餐后，这种现象就会改善。

Q 喂断奶餐后，宝宝就开始便秘。以往每天都会正常排便，这2～3天突然开始便秘，要不要紧呢？

A 宝宝肠子内的菌量均衡度正在转变，不用过度担心。只要宝宝健康，对断奶餐也有食欲的话，就不用在意。

刚喂食断奶餐时，常会有便秘或软便的现象发生，这是因为以往宝宝吃的食物都是液体状，转换到断奶餐时，肠内细菌量的均衡慢慢地出现变化所致。等肠胃习惯之后，排便就会恢复正常。但如果便秘长时间持续下去，粪便将会变硬而难以排出。可用棉棒浣肠使粪便容易排出。

Part **3**

中期断奶餐

7~8个月大

这时期应该已经会使用舌头捣碎食物了，可以慢慢让宝宝适应稍微硬一点的食物，可以加入像豆腐硬度的颗粒断奶餐了。

营养比例

母乳/牛奶 **70%**　　断奶餐 **30%**

时间表

6:00　　　　　　　10:00

这个阶段宝宝的舌头已经会开始上下摇动了。除了吸食，宝宝也开始会用舌头和上颚，将软颗粒压碎吞食。这时期的断奶餐硬度最好像优格乳般滑润，里面可以加些像是豆腐般硬度的颗粒。断奶餐添加频率以每天两次为佳。

1.喂食时间以20分钟为准

为了让宝宝多吸收些不同的食品，有时候妈妈难免会操之过急，喂得太快。其实还是必须一口口地慢慢喂，这样宝宝才能适应这个阶段的磨食方法。不过如果喂食拖太久，宝宝、妈妈都会感到疲累；因此最好连同调理时间大约以1小时为限，喂食时间则在20分钟内。

2.断奶餐和喂奶的调配

此时断奶餐的喂食可以每天两次，如果宝宝都能确实吃完时，餐后的牛奶或母乳就可以减量。此外，最好避开深夜、早晨的时段，妈妈可以自行决定自己最方便的时间调理、喂食；两餐的间隔最好超过4个小时以上。要注意的是，一旦喂食时间确定后，就不要轻易变动。

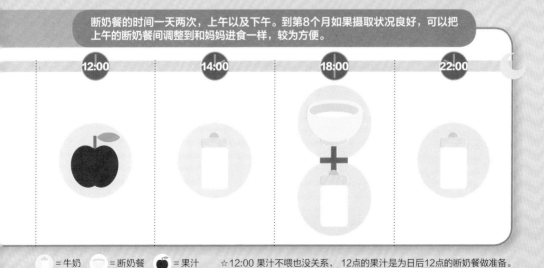

断奶餐的时间一天两次，上午以及下午。到第8个月如果摄取状况良好，可以把上午的断奶餐间调整到和妈妈进食一样，较为方便。

| 12:00 | 14:00 | 18:00 | 22:00 |

◯ =牛奶　◯ =断奶餐　🍎 =果汁　　☆12:00 果汁不喂也没关系，12点的果汁是为日后12点的断奶餐做准备。

淀粉类 磨牙米果

营养成分

热量 18.1 kcal	蛋白质 0.7 g
脂肪 0.02 g	糖 类 7.7 g

材料

米果…………3~4片

做法

❶米果直接拿给宝宝食用即可。

> **美味秘诀**
>
> 磨牙米果从6个月开始，就可以渐渐让宝宝食用。米果入口即化，又有咬劲。此时宝宝已长出牙齿，米果易消化又营养，可当零嘴，又可磨牙、收涎，还能训练宝宝手的握食功能，对宝宝而言是很好的点心。

淀粉类 面包布丁

营养成分

热量 220 kcal	蛋白质 9.5 g
脂肪 10 g	糖 类 23.1 g

材料

吐司…………1片	鲜奶…………1/2杯
糖…………1小匙	鸡蛋…………1/2个
奶油…………少许	

做法

❶吐司切除硬边，撕成小片，再加入鲜奶、糖，以小火煮成糊状后放凉。

❷鸡蛋打散后加入做法❶的吐司中，拌匀成面包糊。

❸模型中抹少许油，倒入做法❷的面糊，放入蒸锅以中火蒸20分钟即可。

> **美味秘诀**
>
> 也可以适量地淋上少许酱汁，如：果酱或优格乳等，使其变得好看，增加口感。

青豆土豆泥

淀粉类

营养成分

热量 65.7 kcal	蛋白质 3.5 g
脂肪 0.2 g	糖 类 12.7 g

材料

土豆…………40g

青豆…………20g

清高汤………2大匙

做法

❶土豆去皮，煮熟后压成泥。

❷青豆煮熟，去皮后压成泥。

❸将两者加上高汤一起拌匀即可。

美味秘诀

1.青豆翠绿的色彩，不但可以烘托出土豆的风味，也能增加视觉美感，让宝宝更加喜欢。

2.青豆就是豌豆，含有丰富的蛋白质、糖类、钙、磷、铁，可增强宝宝的免疫功能，强健骨骼和牙齿。

淀粉类 金枪鱼西红柿粥

营养成分

热量 96.5 kcal	蛋白质 4.1 g
脂肪 3.0 g	糖 类 13.0 g

材料

金枪鱼罐头……40g

西红柿…………20g

八倍粥…………1/2碗

做法

❶金枪鱼去油渍，切碎或是压碎。

❷西红柿汆烫去皮去籽，切碎。

❸金枪鱼末、西红柿末，加入八倍粥以小火煮匀即可盛盘。

美味秘诀

1.此粥带有微微果酸及鱼香，美味可口。

2.鱼肉含丰富钙质、蛋白质，对宝宝骨骼及脑部发育很有帮助。

淀粉类 香蕉燕麦粥

营养成分

热量 54.3 kcal	蛋白质 1.0 g
脂肪 0.7 g	糖 类 11.8 g

材料

香蕉…………30g
燕麦…………1大匙
清高汤………5大匙

做法

❶香蕉切成薄片，加入清高汤、燕麦片
拌匀，一起放入微波炉加热约1分钟。
❷取出后再略微捣碎，搅拌均匀即可。

美味秘诀

1. 燕麦含丰富维生素E、B₁、B₂及纤维质，有效
帮助宝宝生长。
2. 香蕉含丰富的糖类、维生素、矿物质、果胶
等，其中含钾、锌微量元素，可以帮助消
化、安定神经系统。

淀粉类 南瓜通心粉

营养成分

热量 82.1 kcal	蛋白质 3.6 g
脂肪 1.7 g	糖 类 13.3 g

材料

通心粉………15g	南瓜………20g
清高汤……3大匙	熟蛋黄……1/4个

做法

❶通心粉（意大利面）煮熟后切碎。
❷南瓜去皮煮熟后捣碎；蛋黄磨成泥。
❸将通心粉、南瓜泥加入清高汤调匀后
装盘，放上蛋黄泥。

美味秘诀

1. 通心粉和一般面条不一样，它的硬度较高，
所以必须煮到面体很软，才可以用来制作断
奶餐。煮的时间可以参考包装背后的建议时
间，再加上1~2分钟以充分煮软。
2. 南瓜含丰富的胡萝卜素，而且南瓜汁可以让通
心粉容易吞咽，使美味加分。

淀粉类 菠菜乌龙面

营养成分

热量 51.1 kcal	蛋白质 2.2 g
脂肪 0.2 g	糖 类 10.1 g

材料

乌龙面………40g
菠菜………20g
清高汤………240ml

做法

❶乌龙面切成细丁，菠菜汆烫后剁碎。

❷小锅中加入高汤、乌龙面和菠菜，煮5
分钟至软烂，即可盛盘。

美味秘诀

1.菠菜可事先做好，冷冻保存，烹调时再取出使
用，非常方便。

2.乌龙面带点小颗粒，可训练宝宝的咀嚼能力。

3.菠菜含丰富铁质，具有补血之效果。

淀粉类 山药萝卜银鱼粥

营养成分

热量 68.3 kcal	蛋白质 2.1 g
脂肪 0.4 g	糖 类 13.7 g

材料

山药………10g	胡萝卜………10g
银鱼………10g	八倍粥………1/2碗

做法

❶山药煮熟，胡萝卜煮熟，均磨成泥。

❷银鱼洗净，放入八倍粥中煮5分钟后压
碎。

❸将山药泥、胡萝卜泥加入银鱼粥中拌
匀，即可食用。

美味秘诀

1.山药中含有丰富的蛋白质、B族维生素、维生素
C、钙、磷、铁，具有强壮滋养的功效，可帮
助身体生长发育。

2.银鱼含有大量钙、磷、B族维生素、维生素D
等，是对婴幼儿健康非常有益的食用鱼类。

菠菜烩吐司

淀粉类

营养成分

热量 11.3 kcal		蛋白质 1.2 g	
脂肪 1 g		糖 类 2.7 g	

材料

菠菜…………20g

胡萝卜………10g

盐……………少许

清高汤………200ml

吐司…………1片

做法

❶ 菠菜烫软，切成细末；胡萝卜切成细末。

❷ 吐司去边后，切成小丁。

❸ 锅中倒入清高汤煮沸，放入胡萝卜、菠菜末煮软后，再放入吐司丁煮熟，加少许盐调味即可。

Part3 中期断奶餐

香蕉胡萝卜泥

矿物质
维生素

营养成分

热量 39 kcal	蛋白质 0.7 g
脂肪 0.2 g	糖 类 8.3 g

材料

香蕉…………30g

胡萝卜………20g

做法

❶香蕉去皮后，压成泥。

❷胡萝卜切成小丁，煮软，压成泥，即可与香蕉一起食用。

胡萝卜优格乳泥

营养成分

热量 23.5 kcal	蛋白质 0.7 g
脂肪 0.6 g	糖 类 4.0 g

材料

胡萝卜⋯⋯⋯⋯20g 　洋葱⋯⋯⋯5g
清高汤⋯⋯⋯3大匙 　优格乳⋯⋯1大匙

做法

❶胡萝卜、洋葱分别切成丁煮软，压碎。

❷清高汤与胡萝卜泥、洋葱丁拌匀，盛入盘中。

❸将优格乳淋在上面即可。

美味秘诀

1.使用原味优格乳，除了增加食材的风味外，也有益于宝宝的肠胃。

2.洋葱含丰富维生素、矿物质、挥发性精油，能增强免疫力、安神、调和神经。

矿物质维生素 蛋黄拌西红柿

营养成分

热量 38.7 kcal	蛋白质 1.8 g
脂肪 2.9 g	糖 类 1.2 g

材料

熟蛋黄⋯⋯⋯⋯⋯1/2个

西红柿⋯⋯⋯⋯⋯20g

做法

❶熟蛋黄磨成泥。

❷西红柿氽烫去皮，去籽，磨成泥，加入蛋黄泥调匀即可。

美味秘诀

1.西红柿的微酸，蛋黄的香，两种味道融合，入口即化。

2.西红柿含丰富的维生素C、胡萝卜素，而其所含的茄红素是超级抗氧化物，可抵抗自由基，具有防癌抗癌的功效。

矿物质 维生素 焗烤南瓜

营养成分

热量 40.9 kcal	蛋白质 1.9 g
脂肪 1.5 g	糖 类 5.1 g

材料

南瓜………25g

牛奶………2大匙

起司粉……1/4小匙

做法

❶ 南瓜蒸软，取出压碎，与牛奶调匀搅拌，放在焗烤盘上。

❷ 撒上起司粉，放入烤箱烤5分钟，即可盛盘。

美味秘诀

1.南瓜营养丰富，松软香甜，对宝宝来说，是成长发育中非常好的食品。

2.少许的起司粉可增加风味，且具有画龙点睛的效果。

矿物质 维生素 胡萝卜水果泥

营养成分

热量 51.7 kcal	蛋白质 2.0 g
脂肪 3.1 g	糖 类 4.2 g

材料

胡萝卜…………20g

猕猴桃…………20g

熟蛋黄…………1/2个

做法

❶ 胡萝卜煮熟，磨成泥。

❷ 猕猴桃去皮、去心，压碎；熟蛋黄压成泥，备用。

❸ 将胡萝卜泥、猕猴桃泥、蛋黄泥装盘，食用时再拌匀。

美味秘诀

1.胡萝卜含丰富维生素A、B_1、B_2，以及β胡萝卜素，可增强视力、安定神经、抗病毒。

2.猕猴桃的维生素C含量是水果中的佼佼者，可整理肠胃、促进食欲。

西蓝花蛋黄泥

矿物质维生素

营养成分

热量 40.5 kcal	蛋白质 2.2 g
脂肪 2.9 g	糖 类 1.4 g

材料

西蓝花………30g
鸡蛋…………1个

做法

❶ 鸡蛋煮熟，取出1/2个蛋黄，压成泥。

❷ 西蓝花煮熟后，切成细末，放在碗中，
　撒上蛋黄泥即可。

南瓜洋葱煮

矿物质
维生素

营养成分

热量 26.9 kcal　　蛋白质 1.3 g

脂肪 0.1 g　　　　糖 类 5.2 g

材料

洋葱·········20g

南瓜·········20g

清高汤·······200ml

做法

❶ 洋葱洗净，切成小丁；南瓜去皮、去籽后，切成小丁。

❷ 锅中放入清高汤煮沸后，放入洋葱、南瓜丁煮软即可。

西蓝花煮豆腐

营养成分

热量 22.6 kcal	蛋白质 2.2 g
脂肪 0.9 g	糖 类 1.9 g

材料

嫩豆腐…………30g 西蓝花………15g
西红柿…………10g 清高汤……6大匙

做法

❶西蓝花煮软后压碎。

❷西红柿汆烫后，去皮、去籽，压成泥。

❸嫩豆腐入滚水中烫煮2分钟，取出压泥。

❹清高汤与西蓝花、西红柿泥、豆腐泥拌
　匀，即可食用。

美味秘诀

1.豆腐的蛋白质、钙质含量丰富，容易让宝宝消
　化吸收。豆腐含大量的不饱和脂肪酸。卵磷
　脂等成分，有助于营养代谢、增强记忆力和
　集中注意力。

南瓜排骨汤

营养成分

热量 19.2 kcal	蛋白质 0.7 g
脂肪 0.06 g	糖 类 4.3 g

材料

南瓜………………30g
瘦的小排骨………2块
高汤………………4大匙

做法

❶小排骨入滚水中汆烫后洗净。

❷锅中加水，小排骨煮50分钟，放入南
　瓜煮5分钟。

❸煮软的南瓜压成泥，加4大匙高汤调匀
　即可。

美味秘诀

1.以含钙丰富的排骨做汤底，汤鲜、南瓜甜，美
　味百分百。

2.南瓜含丰富的β胡萝卜素，被人体吸收后会转
　化为维生素A，可增强宝宝的体力与视力。

蛋白质 玉米鸡汤

营养成分

热量 54.1 kcal	蛋白质 5.6 g
脂肪 0.8 g	糖 类 5.8 g

材料

鸡肉末…………20g
甜玉米…………2大匙
清高汤…………3/4杯

做法

❶将甜玉米、鸡肉末、清高汤放入搅拌机中搅打成糊。

❷倒入小锅中加热煮5分钟，即可装盘。

美味秘诀

1.玉米的鲜甜，挑起了宝宝的味蕾，让宝宝忍不住一口接一口。

2.鸡肉的蛋白质可以让宝宝完全吸收，而甜玉米含大量淀粉、蛋白质、氨基酸，能促进宝宝的脑细胞成长，具有健脑的功效。

蛋白质 土豆鱼沙拉

营养成分

热量 63.7 kcal	蛋白质 3.2 g
脂肪 2.5 g	糖 类 7.0 g

材料：

土豆…………30g	罐头金枪鱼…10g
优格乳………1大匙	清高汤……3大匙

做法

❶土豆蒸软，压成泥；金枪鱼肉压碎。

❷清高汤与土豆泥、金枪鱼泥拌匀。

❸食用时淋入优格乳即可。

美味秘诀

1.加了优格乳，口感更加清爽美味。

2.鱼肉的蛋白质、钙质对宝宝的骨骼发育成长很有帮助。

3.土豆含丰富的蛋白质、淀粉、氨基酸、矿物质，有健脾益气的功效。

鳕鱼烩蚕豆

蛋白质

营养成分

热量 89.2 kcal	蛋白质 6.1 g
脂肪 3.6 g	糖 类 8.1 g

材料

鳕鱼………30g　蚕豆………20g
清高汤………5大匙　土豆淀粉…1/2小匙

做法

❶鱼肉蒸熟，压泥；蚕豆煮软，剥皮，压成细末。

❷清高汤煮滚，放入蚕豆末、鱼肉泥煮片刻，以淀粉水勾薄芡，装盘时可放上几粒煮软的蚕豆即可。

美味秘诀

1. 此道点心香滑鲜美，鳕鱼鲜、蚕豆香，两者相加十分可口。

2. 蚕豆含多种矿物质，其中铁的含量是豆类之冠，具有造血、补血等功能，而锌的含量也很丰富，有健脑的功效，对宝宝脑部的发育很有帮助。

3. 如果买不到蚕豆，可以用其他豆类代替，如：青豆、毛豆等，或是用冷冻蚕豆。

中期断奶餐 Part3

蛋白质 鸡肉青豆煮

营养成分

热量 125 kcal	蛋白质 16.9 g
脂肪 0.6 g	糖 类 13 g

材料

鸡胸肉…………40g
青豆仁…………20g
清高汤………200ml
蛋清……………1/2个
盐……………少许

做法

❶鸡胸肉切成细末，加入蛋清拌匀
后，再放入盐调味。

❷清高汤倒入锅中煮沸，放入鸡肉、
青豆仁一起煮软即可。

蛋白质 南瓜茶碗蒸

营养成分

热量 113 kcal	蛋白质 8.6 g
脂肪 6.7 g	糖 类 4.6 g

材料

南瓜泥⋯⋯⋯⋯2大匙
罐头金枪鱼⋯⋯1小匙
鸡蛋⋯⋯⋯⋯⋯1个

做法

❶南瓜蒸熟，压泥；金枪鱼肉压碎。

❷将鸡蛋液、南瓜泥、金枪鱼肉拌匀，入锅蒸5分钟即可。

美味秘诀

1.此品吃来润滑顺口，南瓜甜、金枪鱼鲜，美味可口。

2.南瓜富含β胡萝卜素，被人体吸收后，会转化成维生素A，并增强体力，对宝宝成长发育很有帮助。

蛋白质 鸡肉蔬菜汤

营养成分

热量 92.7 kcal	蛋白质 3.9 g
脂肪 0.2 g	糖 类 18.8 g

材料

鸡肉末⋯⋯⋯15g	粉丝⋯⋯⋯⋯15g
菠菜⋯⋯⋯⋯15g	胡萝卜⋯⋯⋯10g
清高汤⋯⋯240ml	土豆淀粉⋯1小匙

做法

❶鸡肉末加入1大匙水及1/2小匙土豆淀粉拌匀。

❷粉丝泡软切成小段；菠菜氽烫后切细末。胡萝卜切成很细的丁。

❸清高汤煮滚，加入胡萝卜丁、菠菜末、粉丝、鸡肉末煮软，以淀粉水勾薄芡，即可起锅装盘。

中期断奶餐 Q&A

Q 宝宝很挑食，特别是蔬菜和鱼，只要一喂，马上就会吐出来，似乎非常讨厌吃，该如何处理呢？

A 一般宝宝在三岁大时，才会对食物的味道有记忆，开始会辨别什么好吃、什么不好吃，所以会出现偏食的现象。而断奶餐阶段产生所谓的"挑食"现象，通常都是因为食物难以下咽所致，例如：蔬菜含有很高的纤维，但对宝宝来说不容易吞咽；而鱼类则因脂肪少，煮过后肉质容易变得比较老；薯类因为吃起来过于疏松，口感不佳，宝宝自然不太喜欢这些食物。这时，可考虑用勾芡的方式，将食物调理成口感佳、容易咽食的状态，这样宝宝才会接受。

Q 我才将汤匙送入宝宝的口中，他就将食物吞下，完全没有咀嚼的动作，这该如何处理？

A 必须先注意断奶餐的形态是否适合宝宝的咀嚼力。有可能是太软，不需咀嚼就能直接咽下，相反地，若是太硬，宝宝无法咀嚼，也只能直接吞。请确认断奶餐的形态是否符合宝宝的咀嚼能力。

此外，有些宝宝虽然有食欲，但因不擅长咀嚼，加上肚子饿，也会直接将食物吞下，请尽量缩短用餐时间的间隔；也可一汤匙一汤匙慢慢地喂食，一边出声哄他："慢慢吃喔！"

Q 宝宝明明已经进入中期阶段了，但食物要是没有调理成初期的黏稠状就不吃；只要有一点点硬块，就会马上吐出来。

A 如果有疙瘩状就不吃的话，建议再稍微回到初期，重新再训练。如果宝宝连有粒状的稀饭也不吃的话，建议再回到初期后半段，从黏糊状的食物重新开始。可将嫩豆腐及煮烂的大头菜磨碎，混合喂食，让宝宝慢慢习惯固体状的食物。

如果已经可以接受粒状的稀饭，但是仍然不吃蔬菜和鱼的话，建议在调理方面多下工夫，如挑选柔软的材料烹煮，或勾芡等。

Q 因为夫妻俩早上总是很晚才起床，所以只能在中午前草草地喂一次断奶餐。次数会不会太少了？

A 晚喂也无所谓，不过一天还是要喂食两次。

如果早上很晚才起床的话，喂食时间就要设晚一点，一天以两次为基准。可将时段设定为12点喂第一次，16点喂第二次，或者是15点喂食第一次，19点喂食第二次。规律的生活节奏对宝宝来说，可是很重要的。

Q 宝宝虽然在吃，但会一直玩盘中的食物。是不是该制止他比较好呢？

A 可尝试固定进食时间，否则也就只能睁只眼闭只眼了。宝宝八个月时，正值会用手抓食的时期，这是必然现象。不过，为了让宝宝清楚地分辨游戏与用餐时间，可以将用餐的时间定在30分钟之内，过了用餐时间就立即收拾。

Q 宝宝最近突然变得没有食欲，这究竟出了什么问题？

A 这是中期宝宝常出现的中途衰退现象，只要宝宝健康，就无需忧虑。大概经过一个星期到一个月左右，宝宝就会恢复原有的食欲了。当然，此时也可变换食材及调理方式试试，或者改变用餐环境，不要强行喂食，因为这只是短暂的过渡期而已。

Q 宝宝的粪便突然变硬，排便时都要使尽全身力气，等了一阵子后也只是排出一些坚硬的圆状粪便。不知为何突然便秘，怎么办才好呢？

A 这是常见的现象，无需忧虑。一般来说，这应该是断奶餐的分量增多、水分减少的关系，或者肠内细菌的均衡度改变所致。首先以补充水分为主，可喂冷开水、果汁（需注意分量）等饮料，在断奶餐中加入蔬菜、豆类、海藻等食材，这类食物含有丰富的纤维，可帮助肠子蠕动。

此外，优格乳、梅干萃取物、寡糖、麦芽糖等物品都能促进肠子的蠕动，有效改善肠内细菌的均衡状态。

Q 宝宝只要一吃鸡蛋，马上就会起疹子，这是不是太早喂食鸡蛋的关系呢？是否应该马上停止喂食蛋类食物呢？

A 妈妈不可自行判断并限制某些食物。需先观察宝宝吃别的食材是否会有类似症状，还是只有喂鸡蛋时才会出现。

所谓的鸡蛋过敏，是指吃了鸡蛋之后，肠子吸收了其中的蛋白质，才会出现的症状。如果吃完后嘴巴四周马上出现泛红，有可能只是单纯的斑疹而已。

如果经过观察之后，确认是只有吃完鸡蛋才会出现的症状，建议立即找医师咨询，诊断是否真为过敏现象，找出真正的原因及处置方法。

一般来说，喂食断奶餐后，就可以依宝宝状况，适当地喂煮熟的蛋黄。尽管如此，如果一下子喂食过多，也会对宝宝尚未发育完全的内脏造成负担，因此必须配合断奶餐的阶段，在7个月大左右只能喂食蛋黄，8个月开始就可喂食1/2个鸡蛋。切记鸡蛋一定要煮熟。

如果经过医师的诊断确定是鸡蛋引发的过敏，这时最好停止喂鸡蛋。如果只是轻微的过敏症状，可与医师商量，看是否等宝宝月龄较大后再喂，并观察食用状况。

Part **4**

后期断奶餐

9~11个月大

已经可以用齿肉轻松咬碎香蕉硬度的食物了。这时期可以一天进食3次断奶餐，宝宝必需的营养有一半是从断奶餐中摄取。

营养比例

母乳/牛奶 **35%**　　　離断奶餐 **65%**

时间表

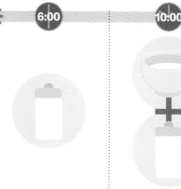

6:00　　　10:00

这个时期的宝宝，舌头除了前后、上下，也学会左右摇动了。用舌头、上颚无法压碎的颗粒，宝宝可以将它左右送到牙床上加以咬碎。因此，断奶餐适合的硬度应以香蕉为基准，大约用手指能压碎的程度。此阶段断奶餐以每天喂食三次为佳。

1.训练宝宝自己握食

这个阶段最好能训练宝宝练习将食物咬成一口口适合自己吞咽的大小。食谱中最好能加上一些可以让宝宝自己握食的食物，例如：煮软的胡萝卜、香蕉等，可切成细长的条状喂食，至于食物的硬度要煮到宝宝的牙床可以压碎的程度。

2.所需营养素的一半由断奶餐摄取

这时断奶餐已经改为每天三次，也成为宝宝营养的重要来源。餐后未必要喂奶，如果宝宝要才给。不过，这时牛奶也不能完全停止，最好另外安排两次哺乳时间。这阶段宝宝每天摄取牛奶的量以500~800ml为佳。

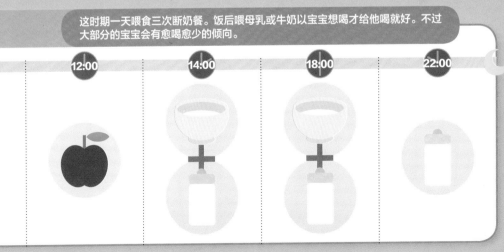

这时期一天喂食三次断奶餐。饭后喂母乳或牛奶以宝宝想喝才给他喝就好。不过大部分的宝宝会有愈喝愈少的倾向。

12:00　14:00　18:00　22:00

🥛=牛奶　🍚=断奶餐　🍎=果汁　☆12:00 果汁不喂也没关系，12点的果汁是为日后12点的断奶餐做准备。

淀粉类 豆豆小饼干

营养成分

热量 150.2 kcal	蛋白质 2.3 g
脂肪 7.19 g	糖 类 18.45 g

材料

豆豆小饼干…………2大匙

做法

❶豆豆小饼干入口即化，可将豆豆小饼干放在桌面上或盘子中，让宝宝练习用手取物后放入口中的动作。

美味秘诀

1.豆豆小饼干可以在婴儿副食品专卖店购得。

2.看似一颗颗的小饼干，因入口即化，所以宝宝不会噎到。

淀粉类 地瓜蒸糕

营养成分

热量 117.5 kcal	蛋白质 5.8 g
脂肪 3.6 g	糖 类 15.0 g

材料

地瓜泥………1大匙　松饼粉……2大匙
鲜奶…………1大匙　鸡蛋………1/2个

做法

❶鲜奶与蛋液拌匀，再加入松饼粉，搅拌均匀。

❷地瓜泥与做法❶拌匀，即为生料。

❸模型中抹少许奶油，倒入生料，放入蒸锅以中火蒸12分钟即可。

美味秘诀

1.松软的地瓜糕，香甜美味，剥一小片一小片地喂食，让宝宝练习咀嚼的能力。

2.地瓜含丰富淀粉，维生素A、维生素C、膳食纤维、胡萝卜素等，是营养丰富的食物。

法式三明治

 淀粉类

营养成分

热量 109 kcal	蛋白质 4.1 g
脂肪 3.7 g	糖 类 15 g

材料

含钙吐司……1片
蛋液…………1/2大匙
牛奶…………2大匙
细糖…………1/4小匙

做法

❶牛奶与糖拌匀。

❷吐司放入做法❶中浸泡，取出蘸上蛋液，放入平底锅中，加少许油，两面煎黄。

❸起锅后切成宝宝适口大小即可。

美味秘诀

1.营养丰富，又能让宝宝自己拿着食用，可以增进食欲。

2.软绵可口，奶香加上蛋香，美味百分百。

淀粉类 馄饨汤

营养成分

热量 39.1 kcal	蛋白质 4.2 g
脂肪 0.1 g	糖 类 4.9 g

材料

鸡肉末…………15g
菠菜…………15g
馄饨皮………2片
盐…………少量
土豆淀粉………少量
鲣鱼粉…………少量

做法

❶ 菠菜汆烫后，切细末与鸡肉末混合，加少许盐、淀粉拌匀，即为肉馅。

❷ 取馄饨皮包入肉馅，捏合。

❸ 清高汤煮沸，放入馄饨煮熟，加少许鲣鱼粉调味即可。

美味秘诀

1.菠菜是青菜中钙质、铁质含量丰富的蔬菜，且含有丰富的维生素B₁、B₂，有助于宝宝的生长发育及骨骼发展。

2.在米饭之外，尝试滑软的面皮，软溜可口，不同的口感及味道，能让宝宝胃口大开。

烤香蕉

营养成分

热量 61 kcal	蛋白质 0.9 g
脂肪 0.1 g	糖 类 15.8 g

材料

芝麻香蕉⋯⋯⋯1根

做法

❶ 香蕉整条放入烤盘，放入烤箱以180℃烤约8分钟，至表皮变黑褐色时取出。

❷ 以小刀划开香蕉皮，用铁汤匙取出果肉食用。

> **美味秘诀**
>
> 1.烤熟的香蕉，香甜可口、软嫩多汁，风味独特，非常好吃。
> 2.香蕉含丰富的钾元素，可帮助活泼好动的宝宝保持心脏机能正常，并提供优质的糖分及热量。

淀粉类 # 三色粥

营养成分

热量 148.3 kcal	蛋白质 6.3 g
脂肪 5.5 g	糖 类 17.6 g

材料

八倍粥⋯⋯⋯3/4碗	三文鱼肉⋯1大匙
熟蛋黄⋯⋯⋯1/2个	菠菜⋯⋯⋯1小匙

做法

❶ 菠菜氽烫后剁成泥；三文鱼煮熟后压碎；蛋黄压碎。

❷ 八倍粥煮滚后，加入三文鱼肉泥、蛋黄泥、菠菜泥拌匀，加入少许盐调味即可食用。

> **美味秘诀**
>
> 1.三文鱼含丰富的DHA，有助于婴幼儿的脑部发展，同时钙、铁含量丰富，可避免贫血发生，其ω-3脂肪酸为优质的油脂来源。
> 2.白粥里配上红色的三文鱼、黄色的蛋黄、绿色的菠菜，营养丰富，色彩缤纷。

苋菜面线糊

淀粉类

营养成分

热量 91.5 kcal	蛋白质 3.4 g
脂肪 0.5 g	糖 类 18.8 g

材料

苋菜…………15g

无盐面线……30g

清高汤………3/4碗

做法

❶苋菜去硬梗，留叶，切成细末。

❷面线剪成0.5cm长的小段。

❸清高汤煮沸，放入苋菜、面线煮软，即可盛盘。

美味秘诀

1.苋菜铁质、钙质含量高，红苋菜比绿苋菜营养价值更高，可促进宝宝的骨骼生长。

2.苋菜与面线要煮到软滑顺口，才可喂食，如宝宝10个月大之后，可加少许盐调味。

鱼肉地瓜球

淀粉类

营养成分

热量 102.1 kcal	蛋白质 8.7 g
脂肪 2.1 g	糖 类 12.1 g

材料

白鱼肉………40g
地瓜…………40g
菠菜…………10g
盐……………少许
清高汤………120ml
土豆淀粉……1小匙

做法

❶鱼肉去骨及刺；地瓜去皮，洗净。
❷鱼肉和地瓜分别蒸熟后压成泥，即为馅料。
❸将馅料揉成圆饼状，放入盘中。
❹锅中倒入清高汤煮沸，加入菠菜煮熟，放入盐调味后以淀粉水勾芡，淋在圆饼上即可。

矿物质 维生素 芋头西蓝花

营养成分

热量 39.8 kcal	蛋白质 1.7 g
脂肪 0.3 g	糖 类 7.8 g

材料

芋头·········25g	西蓝花·······25g
胡萝卜·······25g	清高汤·····3大匙
盐··········少许	

做法

❶ 胡萝卜、芋头均去皮，切成小丁；西蓝花切成小丁，入锅蒸软。

❷ 将胡萝卜丁、芋头丁、西蓝花丁、清高汤、盐，混合煮匀即可。

美味秘诀

1.芋头松软，香味浓郁，是令人无法抗拒的健康美味。

2.芋头含丰富淀粉、维生素、膳食纤维、钾、锌、铁等，营养丰富。

矿物质 维生素 萝卜味噌汤

营养成分

热量 28.1 kcal	蛋白质 0.7 g
脂肪 0.3 g	糖 类 3.9 g

材料

白萝卜······15g	胡萝卜·······15g
芋头·······15g	清高汤·······1杯
味噌·······1/2小匙	

做法

❶ 白萝卜、胡萝卜、芋头均切成小丁。

❷ 清高汤煮滚，加入白萝卜、胡萝卜、芋头煮至软烂，最后以汤匙在小滤网中磨入味噌即可。

美味秘诀

1.白萝卜含多种氨基酸、维生素及淀粉分解酵素，能抗菌，促进肠胃消化。

2.芋头的黏液含有黏蛋白，进入人体后会转化成葡萄糖醛酸内酯，具有解毒作用，同时含大量淀粉和膳食纤维、钾、锌、铁等营养素，可润肠通便。

豆腐丸子烩青菜

营养成分

热量 106.6 kcal	蛋白质 4.3 g
脂肪 1.7 g	糖 类 26.4 g

材料

a. 豆腐泥…………3大匙
　 土豆淀粉………1又1/2大匙
　 清高汤…………1杯
b. 胡萝卜泥………1大匙
　 菠菜泥…………1大匙
　 清高汤…………5大匙
　 盐………………少许
　 土豆淀粉………1/2小匙

做法

❶ 将a料中的豆腐泥放入纱布袋挤干水分，与土豆淀粉拌匀，做成三个小圆球，用清高汤煮熟后，盛入盘中。

❷ 将b料中的前两项材料以清高汤煮软，加少许盐调味后，以土豆淀粉勾薄芡，淋在豆腐丸子上即可。

美味秘诀

1. 豆腐营养价值高，又容易消化，烩上蔬菜，更加美味滑溜。

2. 只有豆腐丸子，鲜度不够，配上红绿的蔬菜泥，以土豆淀粉勾薄芡，让口感香滑软嫩，是其好吃的秘诀。

Part 4 后期断奶餐

柳橙果冻

矿物质维生素

营养成分

热量 46.7 kcal	蛋白质 0.016 g
脂肪 0.016 g	糖 类 12.1 g

材料

吉利T·········1大匙
细白糖·········2大匙
水············1又1/2杯
稀释柳橙汁···1杯

做法

❶ 容器洗净擦干，放入糖、吉利T拌匀，加水1又1/2杯拌匀。

❷ 移到炉灶上以小火边煮边搅拌至煮沸，熄火，加入柳橙汁拌匀，即可分装入小布丁模具中。

❸ 放凉后，即可入冰箱冷藏，随时取出食用。

美味秘诀

1. 浓缩的柳橙汁以1：4比例稀释；柳橙汁含丰富维生素C、维生素E、β胡萝卜素，生津止渴、清热润肺。

2. 吉利T是植物胶，与动物胶吉利丁不同，千万不可搞混。

矿物质 维生素 香蕉布丁

营养成分

热量 149.7 kcal	蛋白质 7.3 g
脂肪 7.1 g	糖 类 14.4 g

材料

香蕉泥………1大匙

鸡蛋…………1/2个

鲜奶…………1/2杯

糖……………1小匙

做法

❶鲜奶与糖拌匀，加入蛋液调匀。

❷香蕉泥加入做法❶中混合，倒入抹上少许油的模型内。

❸放入蒸锅中，以小火蒸15分钟即可。

> **美味秘诀**
>
> 香蕉浓浓的香气做成布丁，滑嫩可口，宝宝会非常喜欢的。

矿物质 维生素 三色甜椒

营养成分

热量 37 kcal	蛋白质 0.3 g
脂肪 3.1 g	糖 类 2.2 g

材料

红、黄、青三色甜椒各10g

做法

❶红、黄、青三色甜椒用削皮刀轻轻剥除外皮，切成小丁。

❷将切成小丁的三色甜椒放入电饭锅中蒸软。

❸蒸软后再用少许油炒过，装盘即可。

> **美味秘诀**
>
> 1.缤纷的色彩和蔬菜清新的口味，能促进宝宝的食欲。
> 2.甜椒富含维生素C及硅元素，具有活化细胞、促进新陈代谢、增强人体免疫力的功能。
> 3.甜椒外膜对宝宝而言，稍嫌太硬，去除后可增加其甜度及软嫩。

矿物质 维生素 南瓜煮花菜

营养成分

热量 38.8 kcal	蛋白质 2.2 g
脂肪 0 g	糖类 7.5 g

材料

南瓜…………40g
花菜…………30g
盐……………少许
清高汤………200ml

做法

❶南瓜去皮、去籽后，切成小丁；花菜
　切成小朵，均洗净。

❷锅中倒入清高汤煮沸，加入花菜、南
　瓜丁煮熟后，放入少许盐调味即可。

胡萝卜豆腐

营养成分

热量 144.7 kcal	蛋白质 4.3 g
脂肪 1.9 g	糖 类 27.9 g

材料

豆腐泥…………30g
胡萝卜泥………40g
面包粉…………10g
土豆淀粉………1大匙
优格乳…………1大匙

做法

❶豆腐泥、胡萝卜泥、面包粉、土豆淀粉拌匀，放入耐热容器内，盖上保鲜膜，放入微波炉加热1分钟，取出放凉后，切成小块。

❷食用时淋上优格乳即可。

美味秘诀

1.豆腐的钙质、蛋白质含量丰富，能促进宝宝的成长发育。

2.胡萝卜的甜、优格乳的微酸都是这道断奶餐的美味秘诀。

蛋白质 营养豆腐

营养成分

热量 39.3 kcal	蛋白质 3.1 g
脂肪 1.4 g	糖 类 4.0 g

材料

嫩豆腐……40g	菠菜…………15g
火腿末……1小匙	清高汤……5大匙
土豆淀粉…1/2小匙	

做法

❶豆腐切成大丁，放入滚水中煮片刻。

❷菠菜氽烫后切碎；火腿切成细末，与菠菜一起放入清高汤中煮软，以淀粉水勾薄芡后淋在豆腐上。

美味秘诀

1.豆腐营养丰富，以不同的烹调方法变换口味，可促进宝宝的食欲。

2.火腿有淡淡的香味，可以为这道断奶餐美味加分。

蛋白质 三文鱼菠菜

营养成分

热量 52.3 kcal	蛋白质 4.5 g
脂肪 3.4 g	糖 类 0.9 g

材料

新鲜三文鱼肉…20g	菠菜…………30g
日式酱油……1小匙	芝麻粉………少许

做法

❶三文鱼肉蒸熟，压碎。

❷菠菜切成小丁，蒸熟。

❸将三文鱼肉、菠菜丁混合，加酱油调味，撒上少许芝麻粉即可。

美味秘诀

1.芝麻粉的香气有画龙点睛的效果，让宝宝的胃口大开，促进食欲。

2.这道菜拌稀饭一起食用，也非常可口。

蛋白质 鱼肉汉堡

营养成分

热量 76 kcal	蛋白质 5.1 g
脂肪 4.8 g	糖 类 2.7 g

材料

鲷鱼肉………40g	面包粉……1大匙
鸡蛋………1颗	海苔粉、盐…少许

做法

❶ 鱼肉蒸熟，压成泥；鸡蛋打成蛋液。

❷ 鱼肉泥、面包粉、蛋液、盐拌匀，分成三份，即为馅料。

❸ 将三份馅料分别压平，放入平底锅中，加少许油，以小火将两面煎黄。

❹ 食用时，取一份，撒少许海苔粉，可增添香味。

美味秘诀

此道菜含有丰富的钙质，有助于宝宝骨骼成长发育。

蛋白质 什锦豆腐

营养成分

热量 59.4 kcal	蛋白质 4.7 g
脂肪 1.6 g	糖 类 6.2 g

材料

嫩豆腐………30g	胡萝卜………15g
全瘦细肉末…15g	清高汤………3/4碗
土豆淀粉……1小匙	鲣鱼粉………少许

做法

❶ 豆腐压碎；胡萝卜煮熟，切成小丁。

❷ 清高汤加入细肉末、碎豆腐、胡萝卜细丁，煮至软烂，加入鲣鱼粉调味，再以土豆淀粉勾薄芡即可装。

美味秘诀

鲣鱼粉是用鲣鱼提炼而成的，味道鲜甜，是这道断奶餐能够美味的一大功臣。

蛋白质 凉拌鸡肉

营养成分

热量 90.8 kcal	蛋白质 8.7 g
脂肪 5.7 g	糖 类 0.6 g

材料

鸡胸肉………1块　　小黄瓜末…1小匙
蛋黄泥………1大匙　沙拉酱……1小匙
盐…………少许

做法

❶鸡胸肉切成长条，加少许盐煮熟，切
　碎后装盘。

❷小黄瓜末、蛋黄泥撒在鸡肉上，拌上
　沙拉酱即可。

美味秘诀

1.这道沙拉口味清爽、多汁，非常可口，适合夏
　天食用。
2.宝宝初次品尝沙拉，肉香、蛋黄香、黄瓜脆、
　色拉酱酸甜，融合出爽口清新的新风味，能让
　宝宝有所惊喜。

蛋白质 三文鱼沙拉

营养成分

热量 39.1 kcal	蛋白质 3.2 g
脂肪 1.4 g	糖 类 3.5 g

材料

三文鱼………1大匙
包菜…………1/6片
白萝卜………少许
橘子…………1/6个

做法

❶包菜、白萝卜切丁煮软；橘子剥去薄
　膜，一半捣碎，其余剥成小块。

❷三文鱼煮熟后剥碎，将材料全部搅拌
　均匀。

❸装盘时，加入橘子丁做装饰即可。

蛋白质 鸡肉牛奶糊

营养成分

热量 46 kcal	蛋白质 9.7 g
脂肪 0.4 g	糖 类 0.9 g

材料

鸡胸肉………40g
牛奶…………2大匙
胡萝卜末……1小匙
盐……………少许
清高汤………200ml
土豆淀粉……1小匙

做法

❶鸡胸肉用汤匙刮成泥。

❷锅中倒入清高汤煮沸，加入鸡肉泥、牛奶、胡萝卜末煮至熟软，放入少许盐调味后，以土豆淀粉勾芡即可。

后期断奶餐Q&A

Q 我家小宝贝总是睡得很晚，早餐都没办法吃，经常一天只喂两次。一天一定要喂三次，这样断奶餐足够吗？

A 宝宝9个月大时，每天所需的营养有65%是从断奶餐中获得的，一天只吃两餐不是很足够；建议慢慢转变生活形态，早点建立早、中、晚三次的进食规律。以目前的状况来说，建议可分别在中午10点、下午2点及傍晚6点各喂一次。

一般来说，宝宝用餐的时间至少要间隔4小时，尽量控制在晚上8点前喂食完毕，最晚也不要超过9点。必须避免在深夜或一大清早的时段喂食。

Q 想将断奶餐冷冻保存起来，但不知可保存多久？此外，只以微波炉解冻，能有杀菌效果吗？

A 冷冻最好不要超过一星期。一般大人吃的食物，大概可冷冻保存一个月。不过宝宝的断奶餐最重要的是鲜度，因此保存时间不能太长，大约一个星期左右较好。

冷冻保存是制作断奶餐时不可或缺，而且便利的方法。不过要注意的是，豆腐及脂肪多的肉类不适合冷冻。此外，已经解冻过的食物及宝宝吃剩的食物最好不要再保存。解冻方面，即使是使用微波炉，只要里面加热完全，就能够杀菌。

Q 食物才一放进嘴里马上就吞下去，完全没有咀嚼的样子，要怎么样教他咬食物呢？

A 9个月大的宝宝舌头已经能够上下左右灵活地活动了。当他无法以舌头和上颚弄碎食物时，就会将食物推挤到左右边的牙龈来弄碎。后期的宝宝都会学习以这种方式来咬碎食物。因此可以选用舌头无法弄碎，但牙龈却能弄碎的食物，来训练宝宝，香蕉就非常适合。

从中期到后期的过渡期，有些妈妈会一下子就喂食过硬的食物。其实如果食物过硬的话，宝宝因为无法咀嚼，就容易养成吐出来，或直接吞下的习惯，特别是小而硬的食物最容易一下子就吞下去，需多加注意。

要改正宝宝直接吞食的习惯，建议将蔬菜切成细条，或是薄片，煮到如同香蕉般柔软后再喂食。这样就无法直接吞食，宝宝自然会养成咀嚼的习惯。

Q 虽然有食欲，但吃一碗饭就要花上半个小时以上的时间。进食是否有所谓的标准时间？

A 这是个性因素，半个小时左右的话还无需过于担心；一般说来，20分钟内吃完较恰当。进食速度缓慢可能是宝宝本身的进食节奏较慢，妈妈也不要过于焦虑，可在菜中稍微加些水分，让宝宝容易咽食。

Q 宝宝经常吃了几口后就不再吃，体型也十分纤细，该怎么喂较好呢？

A 宝宝的食量因人而异，与养育的方式无关，就算食量小，只要有活力，体重也会正常增加的话，其实无需过于忧虑。进入后期阶段后，不妨试着变换菜色，可增加一些宝宝能够自行抓取的食物，让宝宝自由快乐地用餐，借以提高宝宝用餐的欲望，相信会有不错的效果。

请不要吓唬宝宝"不吃的话，警察叔叔会来喔"，然后强迫喂食，这样只会让用餐变成苦差事，从而造成反效果。

Q 正常的分量无法满足我家宝宝的食欲，一直吵着要多吃，只好每次都再多喂一碗。喂食的分量有一定的限制吗？

A 一般而言，断奶餐的分量是以宝宝实际的食量为依据。只要宝宝有食欲，多喂一些也无妨，但必须留意蛋白质的摄取量，如果摄取过量，将会对宝宝尚未发育完全的肾脏造成负担。

米饭类的主食与蔬菜的话就没有摄取上的顾虑。也许你会担心宝宝会不会因此过胖，其实这点大可放心，断奶餐的阶段就算把宝宝养得肥肥胖胖的，并不表示长大后宝宝就一定会很胖，两者间并无直接关联。

如果真的担心宝宝吃太多，可将断奶餐调理成稍微硬一点，有时宝宝也会因为容易咽食而不自觉地越吃越多。可将食材的体积切大一些，或者是减少稀饭的水量。由于要花费力气咀嚼，宝宝自然就不会吃太多。

Q 宝宝讨厌鸡肉，说什么都不吃，担心这时期就挑食物吃，日后会养成偏食的习惯。

A 可在菜色上多下工夫，或者给予夸奖。进入幼儿期前若出现有偏食的趋势，几乎都是因为不容易吞咽、不喜欢食物的口感，此时可在烹调及菜色上下工夫，好让宝宝容易吃。

另外，宝宝也到了想让人称赞的时期，当宝宝吃下他讨厌的食物时，可以称赞他："全部都吃光了，好厉害喔！"如此一来，宝宝应该就会慢慢地接受他讨厌的食物。此外，妈妈也可当着宝宝面前，装成很好吃的样子吃下去，引诱宝宝吃。

Q 很多人都说："断奶餐要做漂亮点，不然宝宝会没有食欲。"断奶餐也需要注意色彩及切功吗？

A 断奶餐的外观也是很重要的。宝宝一岁左右时，人体的视觉、情绪发育都相当成熟，如果断奶餐不好看，有些宝宝的确会拒吃。这时可用模子将料理做成可爱的造型，或利用西红柿及黄色甜椒等食材做成颜色鲜艳的料理，宝宝一定会很开心。但是，也不能只在意料理的外观，而忘了要配合宝宝的咀嚼能力。在这阶段，对宝宝来说，容易进食的食物比外观更重要。

后期断奶餐 Part 4

Part **5**
完成期断奶餐
12~18个月大

这时期宝宝的表情愈来愈丰富，咀嚼的能力也愈来愈好了。给宝宝较硬的食物让他咬碎，可以培养宝宝的咀嚼能力。

营养比例

母乳/牛奶 **25%** 断奶餐 **75%**

时间表

7:30

10:00

MILK

完成期阶段宝宝已经开始会用前齿咬断食物，并用牙床咀嚼，胡萝卜类的食物只要煮得够软，就可以加入断奶餐中。不过还是要注意食物不能太硬，等一岁六个月大后再开始喂食幼儿食品。

1.开始让宝宝练习拿汤匙

容易吞咽的食材，和需要咬食的食材可以穿插调理。这时如果能给宝宝一些容易抓食的食物，他们就能从中体验出适合自己一口吃下的分量，这非常有助于宝宝咀嚼能力的发育，等到他们习惯抓食后，就可以开始练习自行拿汤匙进食了。

2.所需营养素主要靠断奶餐

如果超过一岁还过度依赖牛奶或母乳，可能会导致营养摄取不足，甚而影响发育。这个阶段每天的喝奶量限在300~400ml左右，同时以杯子取代奶瓶。至于吃断奶餐时间可配合大人用餐时间，和家人围着餐桌一起进食。用餐时间尽可能维持固定，这样既能建立生活规律，宝宝的体内也会配合用餐时间分泌消化酵素。另外，为了吃出美味、吃出健康，每餐的间隔时间最好在4个钟头以上，同时要避免在早晨或深夜让宝宝吃断奶餐。

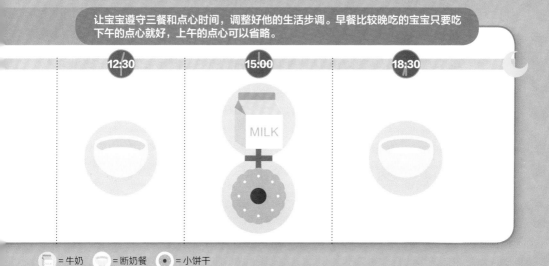

让宝宝遵守三餐和点心时间，调整好他的生活步调。早餐比较晚吃的宝宝只要吃下午的点心就好，上午的点心可以省略。

12:30　　　　15:00　　　　18:30

MILK

= 牛奶　　= 断奶餐　　= 小饼干

淀粉类 面包沙拉

营养成分

热量 92.3 kcal	蛋白质 3.2 g
脂肪 2.4 g	糖 类 14.8 g

材料

吐司…………………1片
熟胡萝卜末……1小匙
熟西蓝花细末…1大匙
优格乳…………1大匙

做法

❶吐司切去四周硬边，切成0.5cm见方
的方块，放入烤箱烤酥。

❷胡萝卜细末、西蓝花细末混合，加入
优格乳拌匀，淋在面包上即可。

美味秘诀

1.这道沙拉顺口好吃，又有口感，可以满足宝
宝自己取食的乐趣。

2.吐司烤过之后香香酥酥的，咬下去"咔咔"
作响，宝宝会相当喜欢。

淀粉类 胡萝卜饭团

营养成分

热量 126.6 kcal	蛋白质 2.6 g
脂肪 0.4 g	糖 类 27.6 g

材料

白饭…………………80g
胡萝卜………………35g
海苔粉……………1/2小匙

做法

❶白饭、胡萝卜泥、海苔粉混合拌匀，
分成数份。

❷以保鲜膜包好，调整成喜爱的造型，或
以不同造型的模器印出可爱的图样。

美味秘诀

1.白饭可以加多一点点水，煮软一点，不要煮
得太过硬，以利宝宝咀嚼。

2.海苔粉的香气让饭团美味加分不少，也可增
进宝宝食欲。

南瓜炒饭

营养成分

热量 201.7 kcal	蛋白质 3.8 g
脂肪 5.3 g	糖 类 34.1 g

材料

南瓜…………40g

白饭…………90g

菠菜细末……1大匙

盐…………少许

做法

❶南瓜蒸熟后，切成小丁。

❷起油锅，加1小匙油，放入所有材料拌炒均匀。

❸起锅前用少许盐调味即可。

美味秘诀

1.南瓜的甜味让炒饭更可口，漂亮的色彩也可吸引宝宝，促进食欲。

2.从软烂的泥状食物过渡到带有口感的软饭，可以大大地引起宝宝的兴趣，增强牙齿的咀嚼功能。

淀粉类 胡萝卜肉饼

营养成分

热量 56.1 kcal	蛋白质 1.7 g
脂肪 1.8 g	糖 类 8.1 g

材料

胡萝卜泥………2大匙
土豆泥…………4大匙
细鸡肉末………1大匙
土豆淀粉………1大匙
盐………………少许
海苔粉…………少许

做法

❶胡萝卜泥、土豆泥、细鸡肉末、盐、土豆淀粉混合拌匀，分成四等份。

❷每一等份搓圆压成扁圆形，放入平底锅中，加少许油煎黄，翻面加入1大匙水，盖上盖子再续焖至熟。

❸可撒些海苔粉增加风味使其变得好看；每次取一份食用即可。

美味秘诀

1.此道肉饼吃起来松软可口，营养丰富。

2.这是一道改良的可乐饼，专为小宝宝量身订做，鲜甜、美味、不油腻是其特色。

奶油通心粉

淀粉类

营养成分

热量 92.6 kcal	蛋白质 4.0 g
脂肪 1.0 g	糖 类 17.3 g

材料

通心粉………20g	洋葱末……1大匙
胡萝卜末……1大匙	盐………少许
鲜奶………1大匙	菠菜末……1大匙
清高汤……3/4杯	

做法

❶通心粉切成小丁，煮软。

❷清高汤放入小锅中煮沸，放入煮软的通心粉、洋葱丁、胡萝卜末、菠菜末一起煮软，加盐调味，最后加入鲜奶，稍煮片刻即可。

> **美味秘诀**
>
> 洋葱的甜、虾仁的鲜、鲜奶的香浓与通心面互相融合成营养美味的主食，有益宝宝吸收各种营养素。

奶香面条

淀粉类

营养成分

热量 89.9 kcal	蛋白质 6.4g
脂肪 0.8g	糖 类 13.9g

材料

乌龙面………50g	胡萝卜细末…1大匙
鸡肉末………1大匙	小油菜细末…1小匙
鲜奶………1大匙	清高汤………3/4杯
盐…………少许	

做法

❶乌龙面以水洗去黏液，再放入沸水中氽烫，切成小段。

❷鸡肉末剁成泥。

❸锅中放入清高汤煮沸，放入所有材料煮至软烂，加少许盐调味，起锅前加入鲜奶拌匀。

> **美味秘诀**
>
> 1.浓浓的奶香，滑溜的面条，可让宝宝咕噜咕噜地一口接一口吃。
>
> 2.汤汁里有鲜奶提味，为面条的美味加分。

西蓝花起司

矿物质 维生素

营养成分

热量 16.8 kcal	蛋白质 1.6 g
脂肪 0.6 g	糖 类 1.8 g

材料

西蓝花…………30g
起司粉…………1/2小匙

做法

① 西蓝花切成小朵，煮软后沥干水分。
② 起司粉撒在西蓝花即可食用。

美味秘诀

1. 起司粉是这道简单易做的菜肴能够好吃的秘诀，起司粉本身带有咸味，所以分量要斟酌拿捏。
2. 西蓝花含有丰富的维生素A、B族维生素、维生素C、维生素K、维生素U及铁，是营养丰富的十字花科蔬菜，有防癌抗癌的功效。

香芒鲜奶酪

矿物质 维生素

营养成分

热量 238.9 kcal	蛋白质 1.8 g
脂肪 19.1 g	糖 类 20.1 g

材料

鲜奶油………250ml 鲜奶………250ml
细白糖………2大匙 吉利T片…4片
芒果酱………少许

做法

① 吉利T片入冷水中泡软。
② 鲜奶油、鲜奶、糖拌匀，放入锅中以小火煮至55℃，加入泡软的吉利T片煮溶即可熄火，倒入小模型杯中放凉。
③ 移入冰箱冷藏至凝固，即可取出，淋上些许芒果酱食用；可做4杯的量，一次取用1杯。

美味秘诀

1. 牛奶含有丰富的钙质、矿物质，是宝宝骨骼发育成长非常重要的营养素。
2. 芒果酱亦可用其他口味的酱汁代替。

镶西红柿

矿物质
维生素

营养成分

热量 75.6 kcal	蛋白质 4.95 g
脂肪 2.1 g	糖 类 9.4 g

材料

西红柿…………1颗
细猪肉末………1大匙
洋葱丁…………1大匙
青豆仁…………少许
盐………………少许
土豆淀粉………1/2小匙
清高汤…………2大匙
起司丝…………1小匙

做法

❶ 洋葱丁、细猪肉末、盐、土豆淀粉及清高汤拌匀，即为馅料。

❷ 西红柿去蒂，切一平刀口，在尾端切掉1/3，挖去籽，作成容器状。

❸ 将馅料填入，青豆仁置在上面，撒入起司丝后，放入烤箱以180℃烤约8~10分钟。

❹ 待起司烤至融化，并呈微微焦黄，即可取出食用。

> **美味秘诀**
> 1. 西红柿本身可口，流出的汤汁更是原汁原味，营养又健康。
> 2. 西红柿含丰富的维生素C、茄红素，是抗氧化食物，可抵抗自由基，应该让宝宝多多食用。

Part 5
完成期断奶餐

110

焗三色丁

矿物质
维生素

营养成分

热量 86 kcal	蛋白质 5.7 g
脂肪 2.7 g	糖 类 10.1 g

材料

冷冻三色丁（胡萝卜、青豆、玉米）共50g

鸡胸肉馅………6g

起司粉………5g

起司丝………5g

做法

❶冷冻三色丁解冻备用。

❷鸡胸肉馅加少许土豆淀粉及水拌匀。

❸将材料混合拌匀，装入焗烤盘中，撒上起司粉、起司丝放入烤箱，烤至起司丝融化即可。

> **美味秘诀**
>
> 1. 冷冻蔬菜使用上相当方便，烤过之后更是香酥可口。
> 2. 含钙量丰富的起司丝口感香软好吃，可帮助宝宝的骨骼发育。

彩椒蔬菜

营养成分

热量 58 kcal	蛋白质 0.4 g
脂肪 9.1 g	糖 类 2.8 g

材料

彩椒…………20g	洋葱…………10g
西红柿………15g	油…………1小匙
水…………1/4杯	

做法

❶ 彩椒用削皮刀去皮，切丁；洋葱切丁；西红柿汆烫后去皮，切成小丁。

❷ 起油锅，倒入1小匙油，放入洋葱丁、彩椒丁炒软。

❸ 再加入西红柿丁拌炒片刻，加水后，盖上锅盖，小火煮至软烂即可盛盘。

美味秘诀

1. 小火慢煮，蔬菜的美味才会释放出来。

2. 甜椒含丰富的维生素C，可活化细胞组织，促进新陈代谢，增强免疫力。

蔬菜牛奶汤

营养成分

热量 206.7 kcal	蛋白质 6.1 g
脂肪 12.1 g	糖 类 18.7 g

材料

南瓜…………20g	洋葱…………10g
胡萝卜………10g	青豆仁………10g
奶油…………1大匙	面粉…………1大匙
鲜奶…………1/2杯	清高汤………3/4杯
盐…………少许	

做法

❶ 南瓜、洋葱、胡萝卜分别切成小丁，与青豆仁一起放入清高汤中煮软。

❷ 以小火将奶油熔化，加入面粉炒化之后，加入鲜奶、清高汤炒至糊状，放入做法❶煮沸，加盐调味即可。

美味秘诀

1. 可视冰箱内现有材料增减，营养丰富。

2. 可加少许起司粉增添风味。

3. 多种维生素、矿物质大集合，营养百分百，有助于宝宝的发育成长。

蔬菜蛋饼

矿物质 维生素

营养成分

热量 105.2 kcal	蛋白质 4.3 g
脂肪 12.2 g	糖 类 4.0 g

材料

胡萝卜………5g	洋葱………10g
豆芽………10g	菠菜………10g
盐………少许	油………1小匙
面粉………1小匙	鸡蛋………1/2个

做法

❶ 将所有蔬菜分别切成细丁，加少许的油炒软，放凉。

❷ 鸡蛋、面粉与做法❶混合，加入盐拌匀，即为馅料。

❸ 平底锅加热，加少许油，将馅料分成二份，压扁放入锅中，小火煎至两面金黄色，食用时切成宝宝容易入口大小即可。

美味秘诀

1. 丰富营养的菜色及少许油脂是蔬菜蛋饼好吃的秘诀。

2. 去除肉、鱼、虾等荤食，完全以蔬菜烹调，清甜爽口，别有风味。

山药蔬菜煎

营养成分

热量 54.1 kcal	蛋白质 2.6 g
脂肪 1.3 g	糖 类 8 g

材料

山药…………50g
小油菜………20g
胡萝卜………10g
盐……………少许

做法

❶山药去皮、蒸熟后，压成泥状。

❷胡萝卜去皮，与小油菜均洗净，切成细末，与山药泥和盐拌匀，做成两个小圆饼，放入锅中蒸熟即可。

蛋白质 茶碗蒸

营养成分

热量 99.4 kcal	蛋白质 9.4 g
脂肪 6.4 g	糖 类 1.1 g

材料

鸡蛋…………1个

豆腐泥………1大匙

鸡肉末………1小匙

清高汤………4大匙

鲣鱼粉………1/4小匙

做法

❶所有材料混合拌匀。

❷放入蒸锅（或电饭锅）中，以小火蒸10分钟即可。

美味秘诀

1.蒸蛋中加入鸡肉，具有提鲜的效果，也让口感更香滑顺口。

2.鸡肉末可改成鱼肉丁或者虾仁丁，一样会美味可口。

蛋白质 虾仁土豆

营养成分

热量 153.3 kcal	蛋白质 11.9 g
脂肪 7.4 g	糖 类 9.9 g

材料

土豆………50g	蛋黄………1大匙
熟虾仁末…2大匙	沙拉酱……1小匙
熟青豆……1大匙	

做法

❶土豆去皮后煮熟，压成泥；蛋黄煮熟后压成泥。

❷土豆泥与蛋黄泥混合，分成二份，用纱布捏成圆球，中间压凹洞，放入虾仁末沙拉酱，放上青豆即可。

美味秘诀

1.松松软软的土豆、带有口感的鲜美虾仁，配上沙拉酱，美味加分，营养更是百分百。

2.土豆含丰富的维生素B_1、维生素B_2、钙、磷、铁，是热量低、营养高的根茎类食材。

蛋白质 一口烤蛋

营养成分

热量 78.7 kcal	蛋白质 4.0 g
脂肪 4.9 g	糖 类 3.8 g

材料

鹌鹑蛋…………2个
面包粉…………1小匙
起司粉…………1小匙
橄榄油…………1/4小匙
海苔粉…………少许

做法

❶将鹌鹑蛋切半。

❷面包粉、起司粉、橄榄油拌匀，均匀铺
在蛋上，放入烤箱略烤数分钟即可。

❸也可撒些海苔粉，增加香味。

> **美味秘诀**
> 1.橄榄油是健康可口的关键，但不可放太多。
> 2.烤蛋QQ的口感对宝宝是一大新奇的惊喜，让
>   宝宝觉得既新鲜又喜欢。

蛋白质 西红柿肉饼

营养成分

热量 143 kcal	蛋白质 18.7 g
脂肪 6.2 g	糖 类 3.1 g

材料

猪里脊肉末……60g
西红柿…………1/2个
蛋清…………1个
土豆淀粉………1小匙
盐…………少许
油…………少许

做法

❶ 西红柿放入沸水中氽烫几秒后取出，去皮、去籽后，切成细末。

❷ 肉末中加入盐、西红柿丁、蛋清、土豆淀粉拌匀，做成两个圆饼。

❸ 锅中倒油烧热，放入圆饼煎熟。

蛋白质 胡萝卜煎饼

营养成分

热量 172.5 kcal	蛋白质 8.7 g
脂肪 9.3 g	糖 类 14.3 g

材料

胡萝卜………30g	青豆………15g
豆腐………30g	面粉………1大匙
鸡蛋………1/2个	番茄酱……少许
盐………少许	

做法

❶ 胡萝卜蒸熟，切成小丁；青豆煮软；豆腐压成泥。

❷ 胡萝卜丁、青豆、豆腐泥、面粉、蛋液、盐混合拌匀，即为馅料。

❸ 将馅料分成二等份，压成扁圆状，放入平底锅中加少许油，两面煎至金黄，淋番茄酱即可。

蛋白质 金枪鱼三明治

营养成分

热量 185.2 kcal	蛋白质 8.9 g
脂肪 8.0 g	糖 类 19.8 g

材料

薄吐司…1片	罐头金枪鱼…1大匙
洋葱丁…1小匙	彩椒丝………1大匙

做法

❶ 吐司切去四周硬边，对切成三明治。

❷ 金枪鱼压碎，加入洋葱丁拌匀，平均铺在土司上。

❸ 将彩椒丝放在金枪鱼馅上，撒上起司丝，放入烤箱，烤至起司丝融化，即可取出装盘。

美味秘诀

1. 金枪鱼与起司丝本身带微咸，所以不用再调味，保留食物的原味就很可口。

2. 鱼肉中含有丰富蛋白质，容易为人体所吸收，而且钙质的含量丰富，是帮助宝宝骨骼成长的元素。

蛋白质 海苔煎鱼

营养成分

热量 114.6 kcal	蛋白质 10.7 g
脂肪 7.0 g	糖 类 1.5 g

材料

鲷鱼肉………50g　　胡萝卜……15g
四季豆………1/3根　蛋清………1/2个
海苔…………1/6片　油…………1/2大匙
盐……………少许

做法

❶ 鲷鱼肉剁成泥；胡萝卜、四季豆均煮熟后，切成小丁。

❷ 鱼肉泥、胡萝卜丁、四季豆丁、蛋清及盐混合拌匀，涂在海苔上。

❸ 平底锅加上少许油，放入鱼肉饼，以小火煎至两面金黄，切成小片装盘即可。

美味秘诀

富含蛋白质和钙质的鱼肉，鲜甜美味，加上清香的海苔，是美味的秘诀。

蛋白质 鸡蛋布丁

营养成分

热量 134.6 kcal	蛋白质 6.3 g
脂肪 6.5 g	糖 类 11.6 g

材料

鸡蛋…………2个　　奶水………3/4杯
细糖…………2大匙　香草精…1/4小匙

做法

❶ 鸡蛋、奶水、糖、香草精混合拌匀，以滤网过滤，装入布丁杯中。

❷ 将布丁放在烤盘上，烤盘内加入1cm的水，放入烤箱，以140℃烤约20分钟，至蛋液凝固即可。

❸ 可做2杯，一次取1杯食用。

美味秘诀

1. 蛋液要过滤，去除蛋白杂质，这样做出的布丁才会细致；火候要小心控制，才不会老硬、起蜂眼，这都是布丁好吃的秘诀。

2. 自己动手做布丁，经济、实惠又卫生，同时充满了妈咪的爱心，吃起来格外香醇可口。

完成期断奶餐Q&A

Q 最近宝宝好像变得想自己进食，但是每次入口后的东西很快又吐了出来，每次用餐时都弄得乱七八糟，真的很麻烦。

A 宝宝想自己进食的心情值得鼓励，虽然宝宝自己进食会弄得乱七八糟，可能也让妈妈感到很不耐烦，但这表明宝宝有想自己进食的意愿，妈妈最好能任其自行发展，只要在用餐前先铺好报纸或塑料布，就算撒得一地也很好清理，如此妈妈就能以较轻松的心情看待。

Q 宝宝至今还不会用杯子喝东西，该怎么训练他才好呢？

A 并不需要做什么复杂的练习，用杯子喝东西时只要注意下面两项要点，就可以让宝宝很快乐地喝完东西，方法很简单，你可以马上试试看喔！

1.杯缘不要放在门牙后方。
2.将杯子中的液体缓缓地倾向上嘴唇。

用上述的方法，将液体触碰到上嘴唇后，宝宝自然就会将上嘴唇闭合，自己调整饮用的分量。此外，必须注意如果宝宝的脸向上仰，或是杯缘太贴近口内，液体就会不碰触到上嘴唇，宝宝就无法顺利饮用。

Q 我家宝贝常常坐在椅子上吃了两三口后，马上就跳下椅子跑来跑去，玩起玩具，总要追着他才肯吃饭。

A 这种状况以男孩子居多，一到两岁时会特别严重。这个时期的宝宝充满了旺盛的好奇心，全身充满精力，很难乖乖坐下来吃饭，最好暂时配合宝宝，就算跑来跑去也不要责备他。

尽管如此，也不要追着宝宝喂，因为如此一来，宝宝会以为你是在跟他玩游戏，因此妈妈最好是坐在位子上，当宝宝靠近时再喂食即可，每当他接近时，就跟他说"要乖乖坐着吃饭喔！"不要让宝宝觉得边吃边玩是理所当然的。

Q 虽然饭、面类及蔬菜都会吃，不过好像讨厌肉类和鱼类，有什么好的解决方法吗？

A 在肉类及鱼类的调理方式可多下些工夫，尝试在调理上及外观上做些改变。肉类的话，可将肉和豆腐混合在一起做成汉堡，像是鱼类的话，可以切细剁碎后加入汤中。让宝宝在不知不觉中吃下去。此外，等宝宝肚子饿时再喂食，或许会有意想不到的效果。

Q 宝宝总是只想吃零食，正餐都不吃，如何解决这种困扰？

A 让宝宝吃零食的原则是：只有在用餐状况正常的条件下，才能给他们吃零食，否则绝对禁止。不吃正餐的原因，通常是喂了太多果汁所造成，这时可试着改喂水果。如果宝宝无论如何都要吃零食，可以给他涂有果酱、起司的三明治，或是添加菠菜的煎饼等，用看似点心的菜色来取代。妈妈须严格控管零食，才不会让宝宝养成坏习惯。

Q 如果宝宝过度肥胖，应该如何？

A 宝宝的肥胖可区分成良性肥胖与恶性肥胖。所谓的良性肥胖是指，一般婴儿在出生后六个月会开始有稍微肥胖的现象，过了一岁后会达到轻度肥胖或正常体重范围的上限程度。这种状况的肥胖对宝宝的健康并无影响，因此无须担心。

而恶性肥胖则是这段时期内宝宝没有肥胖的现象，但过了两岁后体重却突然急速地增加，而且立即胖了起来。这种现象对于宝宝健康上会有不良的影响，父母须多加留意。

图书在版编目（CIP）数据

宝宝断奶营养食谱：婴幼儿最爱吃的辅食大全 /
林美慧著 . -- 北京：北京联合出版公司，
2014.10
（乐生活）

ISBN 978-7-5502-3620-2

Ⅰ.①宝… Ⅱ.①林… Ⅲ.①婴幼儿 – 保健 – 食谱
Ⅳ.① TS972.162

中国版本图书馆 CIP 数据核字（2014）第 216634 号

本书正体中文版由台湾脚丫文化出版事业股份有限公司出版发行。
原名【宝宝爱吃的离乳食谱，林美慧著，2010 年。】
并授权北京凤凰壹力文化发展有限公司在中国大陆地区独家出版中文简体字版。

著作权合同登记号　图字：01-2014-6451

宝宝断奶营养食谱

作　　者： 林美慧
主　　编： 赵　潍
责任编辑： 昝亚会　徐秀琴
特约编辑： 郭碧橙　王　晔
装帧设计： 贺清华
责任校对： 赵　潍

北京联合出版公司出版
（北京市西城区德外大街 83 号楼 9 层　100088）

北京旭丰源印刷技术有限公司印刷　新华书店经销

字数：68 千字
开本：710×1000 毫米　1/16
印张：8
2014 年 10 月第 1 版　2014 年 10 月第 1 次印刷
定价：29.80 元